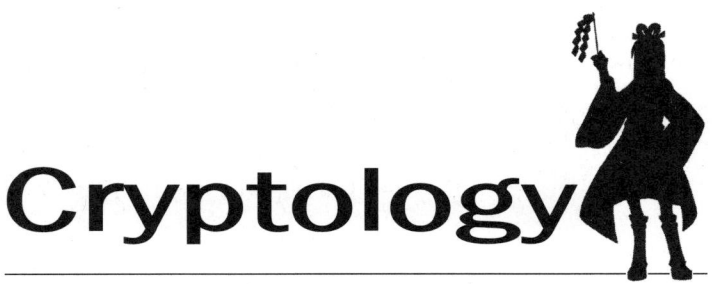

Cryptology

만화로 쉽게 배우는 암호

저자 / Masaaki Mitani(三谷 政昭), Shinichi Satou(佐藤 伸一)

日本 옴사 · 성안당 공동 출간

만화로 쉽게 배우는 **암호**

Original Japanese edition
Manga de Wakaru Angou
By Masaaki Mitani, Shinichi Satou and Verte
Copyright © 2007 by Masaaki Mitani, Shinichi Satou and Verte
Published by Ohmsha, Ltd.
This Korean Language edition co-published by Ohmsha, Ltd. and Sung An Dang, Inc.
Copyright © 2007~2018
All rights reserved.

머리말

인터넷을 중심으로 자리잡은 네트워크화된 정보화 사회에서의 생활은 웹에 공개된 정보의 활용, 전자메일 주고받기, 온라인쇼핑, 인터넷뱅킹 등의 보급으로 매우 편리해졌다. 그러나 네트워크 시대의 혜택을 누리는 한편, '안심클릭, 정보보안, 개인정보 보호, …… 그리고 암호'라는 적이 거부감이 느껴지는 말이 끊임없이 들려오고 있는데, 이러한 원인은 과연 무엇일까?

네트워크를 이용할 때는 여러가지 정보를 주고받게 되는데 그 중에는 다른 사람이 알게 되면 곤란하거나 비밀로 하고 싶은 정보도 포함되어 있다. 예를 들면, 신용카드번호, 은행계좌번호, 병력, 은행대출금액, 비밀번호 등은 다른 사람에게 쉽게 노출되지 않도록 정보를 보호할 필요가 있다. 정보의 악용으로 피해를 볼 수도 있으므로 정보를 보호하는 것이 네트워크 시대의 가장 중요한 과제임에는 의문의 여지가 없다. 이와 같이 불안 요인이 많은 네트워크 사회에서 정보의 진위를 엄격히 구별하고 가장, 위조, 변조, 도청 등을 방지하여 다양한 네트워크 서비스를 안전하게 이용할 수 있도록 하려는 기본기술이 바로 '암호'이다.

근년에 들어 암호기술은 비약적으로 발달했다. 이것은 정보보안에 관한 전문가들만의 영역이 아니라 편리한 네트워크 서비스를 이용하고 있는 사용자 자신에게도 당연히 필요한 지식이 되어가고 있다.

그럼 암호기술에서는 어떤 구조로 정보보안을 실현하여 개인정보를 보호하고 있을까?

머리말

이 책은 만화를 바탕으로 암호기술의 구조와 역할을 해설하고 있다. 암호기술을 이해하는 데 빠뜨릴 수 없는 수학이야기도 누구나 쉽게 알 수 있도록 했고, 이야기의 전개를 즐기면서 무리 없이 학습할 수 있도록 배려했다. 물론 이야기 중에 암호가 들어가 있으므로 느긋하게 즐기면서 읽고 이해하기 바란다. 그리고 이 책을 다 읽어갈 무렵에는 암호기술과 보안의 기초 지식을 습득하게 될 것이다.

끝으로 이 책을 출판하는 데 많은 도움을 준 옴사 개발국의 여러분과 작화를 맡았던 히노키 이데로 씨에게 진심으로 감사의 뜻을 표한다.

2007년 4월
저 자

차 례

프롤로그

프롤로그 　　　　　　　　　　　　　　　　　　　　　9

제1장

암호의 기초 　　　　　　　　　　　　　　　　　　　23

1. 암호에 관한 용어 　　　　　　　　　　　　　24
    암호학의 기본 용어 　　　　　　　　　　　28
    암호화키 E_k와 복호키 D_k의 관계 　　　　　29
2. 고전적인 암호기술 　　　　　　　　　　　　32
    시저암호 　　　　　　　　　　　　　　　　32
    환자식암호 　　　　　　　　　　　　　　　33
    다표식암호 　　　　　　　　　　　　　　　34
    전치식암호 　　　　　　　　　　　　　　　35
3. 암호의 안전성 　　　　　　　　　　　　　　36
    환자식암호의 키의 수 　　　　　　　　　　39
    다표식암호의 키의 수 　　　　　　　　　　40
    전치식암호의 키의 수 　　　　　　　　　　40
    해독이 가능해지는 조건 　　　　　　　　　43
    절대 안전한 암호 　　　　　　　　　　　　43
    안전한 암호 　　　　　　　　　　　　　　　45

차례

제2장

공통키암호화 기술　　　　　　　　　　　　　　　53

1. 2진수와 배타적논리합　　　　　　　　　　　　54
2. 공통키암호란　　　　　　　　　　　　　　　　65
　　공통키암호의 특징　　　　　　　　　　　　　70
3. 스트림암호의 구조　　　　　　　　　　　　　　71
4. 블록암호의 구조　　　　　　　　　　　　　　　74
　　CBC모드　　　　　　　　　　　　　　　　　　77
5. DES암호의 구조　　　　　　　　　　　　　　　78
　　파이스텔형 암호의 기본 구성　　　　　　　　79
　　대합　　　　　　　　　　　　　　　　　　　　80
　　DES의 암호화키 생성　　　　　　　　　　　　83
　　DES의 비선형함수 f의 구조　　　　　　　　　84
　　DES에 의한 암호화와 복호의 기본 구성　　　85
6. 3-DES암호와 AES암호　　　　　　　　　　　　86
　　AES암호의 개요　　　　　　　　　　　　　　91
　　간이형 DES에 의한 암호화와 복호의 실제　　95
　　2진수 데이터로의 변환　　　　　　　　　　　95
　　DES암호문의 생성　　　　　　　　　　　　　95
　　DES암호문의 복호　　　　　　　　　　　　　103
　　DES암호화키의 생성　　　　　　　　　　　　108
　　DES복호키의 생성　　　　　　　　　　　　　112

제3장

공개키암호화 기술　　　115

1. 공개키암호의 기본　　　116
   - 자주 쓰이는 공개키암호방식의 종류　　　125
   - 일방향함수　　　126
   - RSA암호의 탄생　　　129
2. 소수와 소인수분해　　　130
   - 소수 판정　　　139
3. 모듈로연산　　　144
   - 모듈로연산의 덧셈과 뺄셈　　　147
   - 모듈로연산의 곱셈과 나눗셈　　　156
4. 페르마의 소정리와 오일러의 정리　　　162
   - 수론의 아버지 페르마　　　163
   - 페르마의 방법과 의사소수　　　165
   - 오일러의 정리　　　166
   - 수학자 오일러　　　167
   - 두 소수를 곱한 수의 오일러함수　　　168
5. RSA암호의 구조　　　171
   - RSA암호의 암호화와 복호　　　173
   - RSA암호의 키 생성법　　　175
   - 공개키와 비밀키 만드는 법　　　177
   - RSA암호문의 생성　　　179
   - RSA암호문의 복호　　　181
6. 공개키암호와 이산로그문제　　　183
   - 이산로그문제　　　184
   - 엘가말암호의 암호화와 복호　　　186

❀ 칼럼 ❀ 확장된 유클리드호제법　　　191

차례

제4장

실제로 암호를 사용하기 위해 … 195

1. 하이브리드암호 … 196
2. 해시함수와 메시지 인증코드 … 200
   - 변조 … 200
   - 변조에 대한 대책 … 202
   - 해시함수 … 203
   - 사칭 … 204
   - 사칭에 대한 대책 … 205
   - 메시지 인증코드의 구조 … 206
   - 부인 … 207
   - 메시지 인증코드의 두 가지 결점 … 209
3. 전자서명 … 210
   - 부인에 대한 대책 … 210
   - 전자서명의 구조 … 211
   - 중간자 공격 … 213
   - 중간자 공격에 대한 대책 … 214
   - 인증서와 인증국 … 214
4. 공개키암호기반(PKI) … 216

❀ 칼럼 ❀ 영지식대화증명 … 227

🔑 보충해설 … 233
🔑 찾아보기 … 235

프롤로그

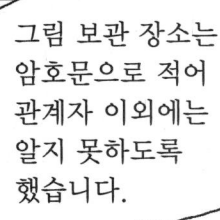

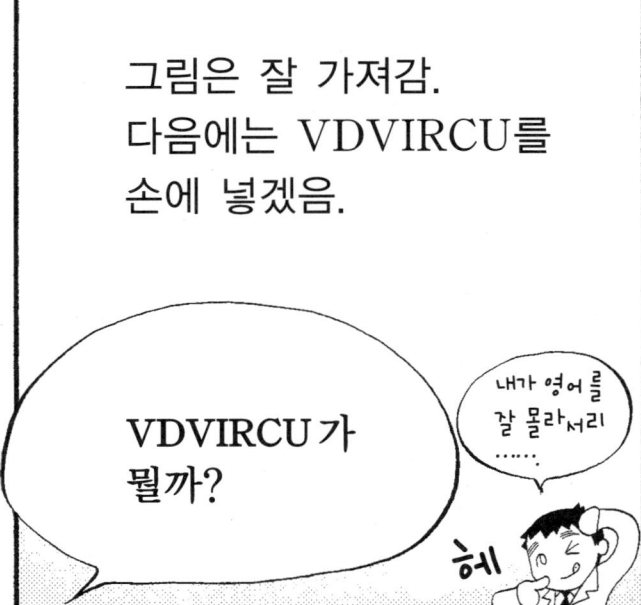

그림 0.1 현대의 암호와 사회의 관계

그림 0.1에서 나타낸 것처럼, 인터넷 등 정보와 통신이 발달한 현대에서 암호기술은 정보의 변조, 파괴, 도청을 방지하는 데 필요불가결한 것이다.

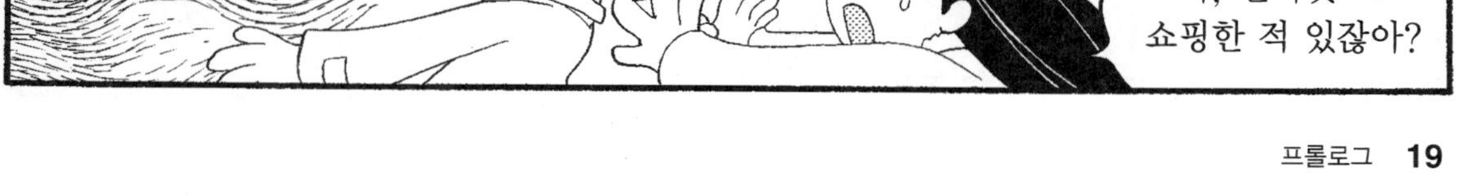

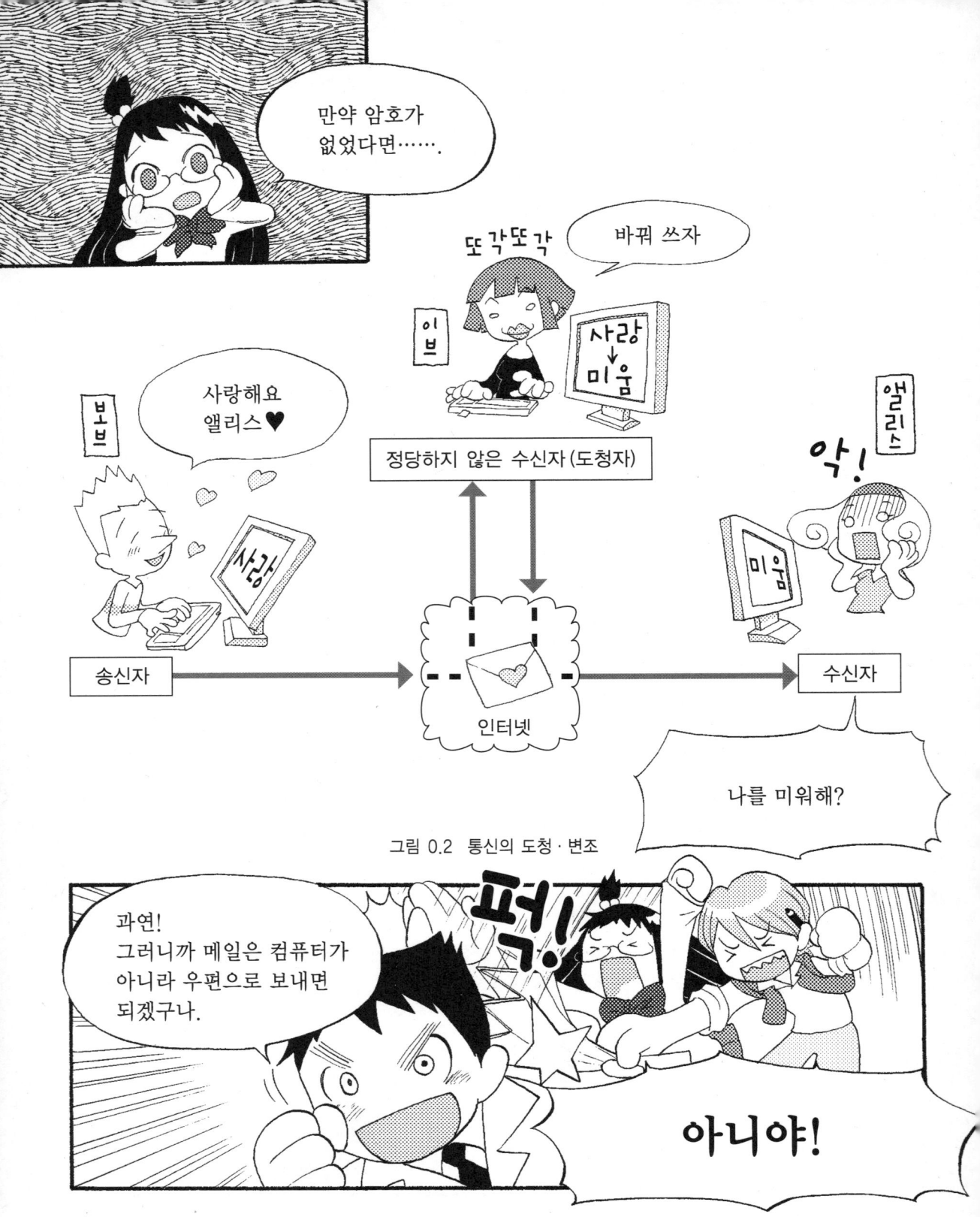

그림 0.2 통신의 도청·변조

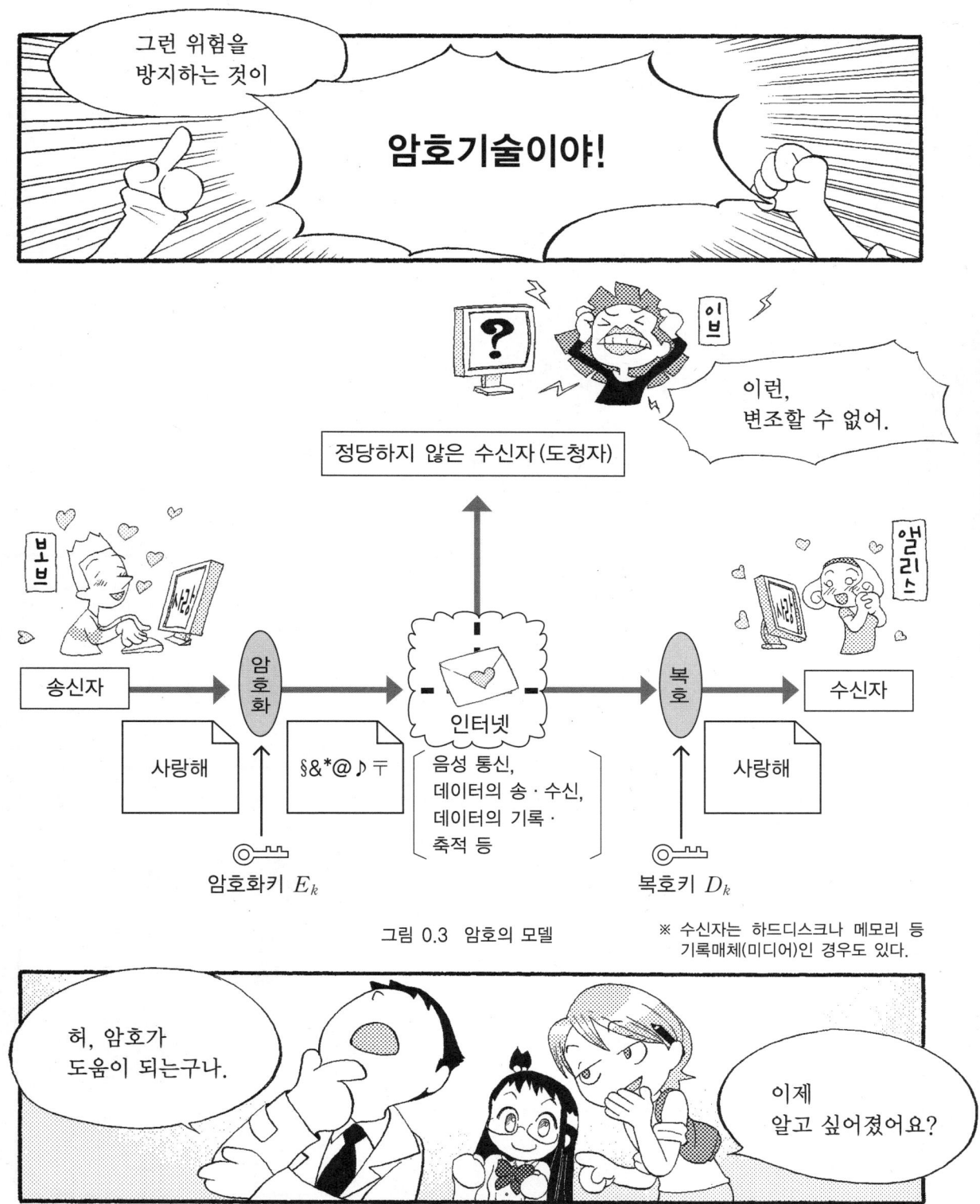

그림 0.3 암호의 모델

제1장
암호의 기초

'니다카야마 노보레' = 공격 개시
'도라도라도라' = 기습 성공

※ 모두 태평양전쟁 때 일본 해군이 사용한 전보문

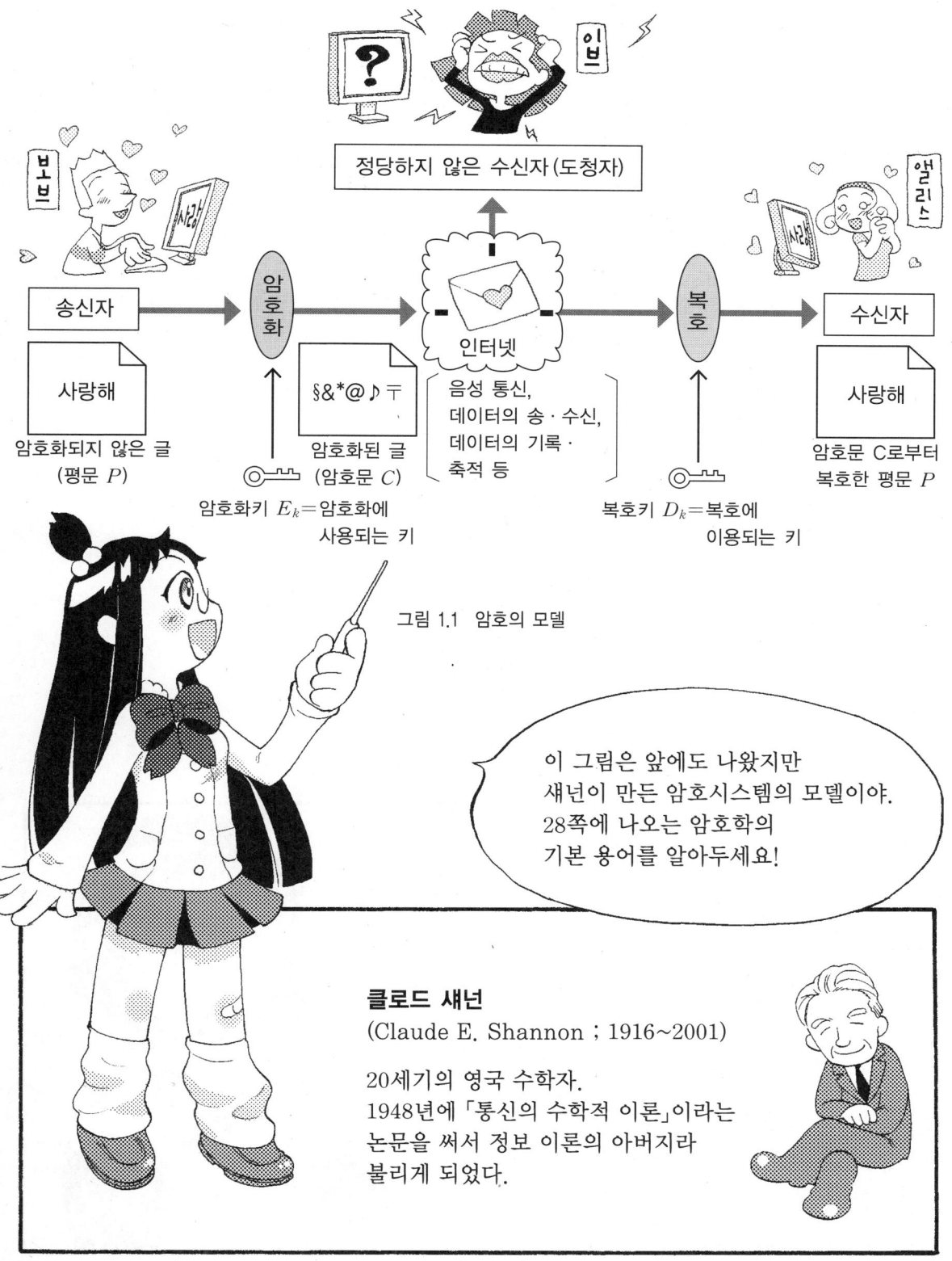

그림 1.1 암호의 모델

제1장 암호의 기초

❀ 암호학의 기본 용어

평문 P(Plain text)＝암호화되어 있지 않은 보통의 글

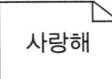

암호문 C(Cipher text)＝암호화된 글

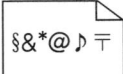

암호화(Encryption / Encipherment)＝평문을 암호문으로 바꾸는 것

복호(Decryption / Decipherment)＝암호문을 평문으로 되돌리는 것

암호화키 E_k(Encryption Key)＝암호화에 사용되는 키

복호키 D_k(Decryption Key)＝복호에 사용되는 키

❀ 암호화키 E_k와 복호키 D_k의 관계

송신측은 평문을 암호화한다. 평문 P와 암호화키 E_k(암호화 함수)를 사용하여 암호문 C를 만든다.

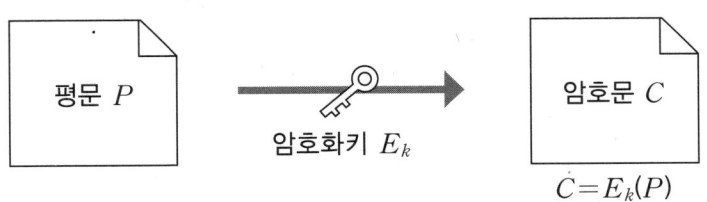

그림 1.2 키 E_k를 사용한 암호화

수신측은 암호문을 복호한다. 이때 암호문 C는 복호키 D_k(복호 함수)를 이용하여 평문 P로 복호된다.

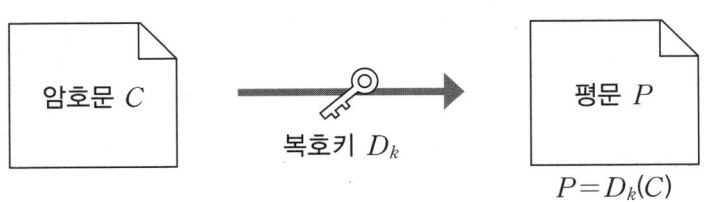

그림 1.3 키 D_k를 사용한 복호

완벽하게 맞추었어요!

복호키 D_k는 문자를 하나씩 앞으로 돌리는 조작이에요.

나리 선생 아주 무서워......

야......

그렇지만 이런 암호는 즉시 해독되어 버릴걸?

정보 보안 핸드북

정말 골치 아픈 책

OHM

암호는 해독하고자 하는 도청자와 지혜를 겨루면서 발달해 왔어.

다음 페이지부터 고전적인 암호를 몇가지 소개할게요!

제1장 암호의 기초　31

2. 고전적인 암호기술

시저암호

평문의 각 문자를 순서대로 n문자 옮겨 암호화하는 알고리듬으로 만드는 암호를 **시저암호**라 한다. 'MOMOTARO'를 암호화해 보자.

예를 들어, $n=3$이라 하고 3문자씩 뒤로 옮긴다.

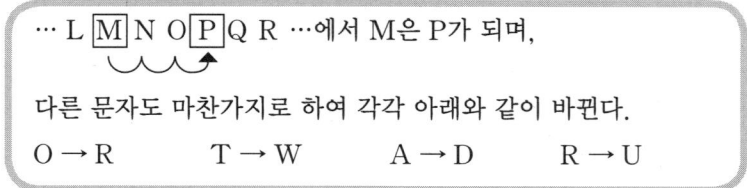

그러면 다음과 같이 암호문이 만들어진다.

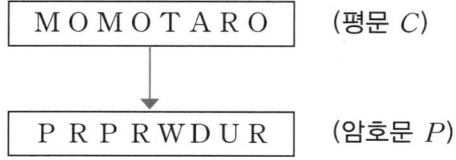

그리고 알파벳의 마지막 세 문자는 맨 앞의 문자로 순환된다.

$$X \to A \quad Y \to B \quad Z \to C$$

'시저' 란 고대 로마의 군인이자 정치가 율리우스 카이사르(B.C. 100~44)의 영어 이름이다. 카이사르가 이 암호문을 만든 것은 갈리아전쟁 때였다. 이것에 의해 적에게 알려지지 않고 아군끼리 통신할 수 있었다.

환자식암호

시저암호를 복잡하게 해서 각 문자마다 옮기는 숫자를 변화시킨 것을 **환자식암호**(또는 대입암호)라 한다.

그 가운데 평문과 암호문의 각 문자를 1 : 1로 다른 문자에 대응시키는 것을 '단일환자암호'라 한다. 시저암호도 단일환자암호의 일종이다. 예를 들어, 영어의 알파벳 26문자를 다음과 같이 변환하기로 한다.

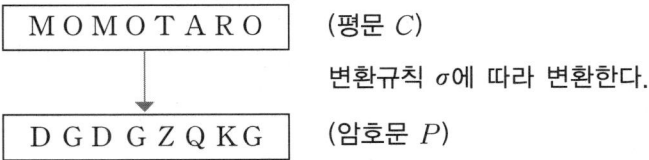

$=$ 변환규칙 σ (시그마)

그러면 다음과 같이 암호가 만들어진다.

MOMOTARO (평문 C)

↓ 변환규칙 σ에 따라 변환한다.

DGDGZQKG (암호문 P)

이 암호에서는 글자를 바꾸는 것이 알고리듬이고, '각 문자를 치환하는 방법', 즉 변환규칙 σ가 암호화키 E_k가 된다.

✿ 다표식암호

평문을 n문자씩의 블록으로 나누고, 각 블록 안에서 문자를 옮기는 수를 바꾸는 것을 **다표식 암호**라 한다. 시저암호를 확장한 것이라고 할 수 있다.

예를 들어, $n=4$로 하고 변환규칙 δ로서 옮기는 수를 아래와 같이 정했다고 하자.

그러면 다음과 같이 암호문이 만들어진다.

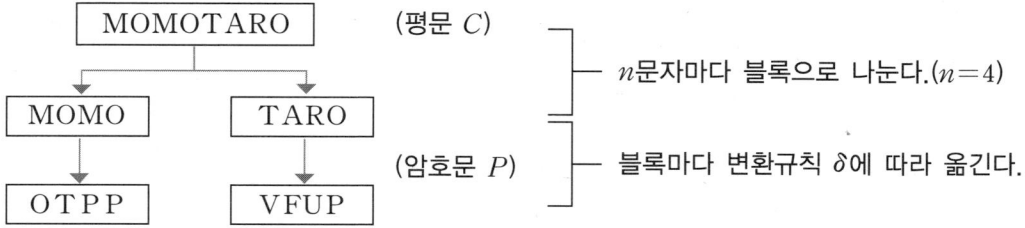

이 암호에서는 블록의 문자 수와 옮기는 방식의 변환규칙이 암호화키가 된다.

❈ 전치식암호

평문을 n문자씩 블록으로 나누고, 각 블록 안에서 문자의 순서를 바꾸는 암호를 **전치식암호**라 한다.

예를 들어, $n=4$로 하고 치환규칙 τ(타우)로서 차례를 정하기로 한다.

$$\tau = \begin{pmatrix} 1234 \\ 2413 \end{pmatrix}$$

위의 식은 다음과 같이 치환하는 것을 의미한다.

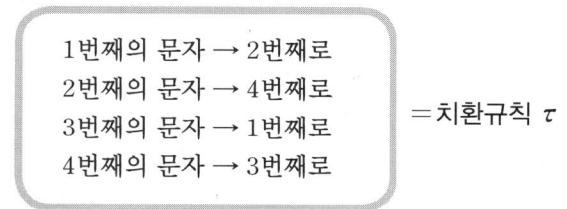

그러면 다음과 같이 암호문이 만들어진다.

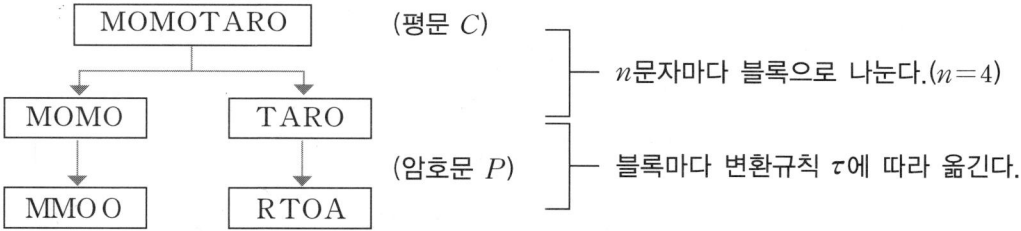

이 암호에서는 문자를 바꿔 넣어 치환하는 것이 암호화 알고리듬이며, 블록의 문자 수와 치환규칙이 암호화키가 된다.

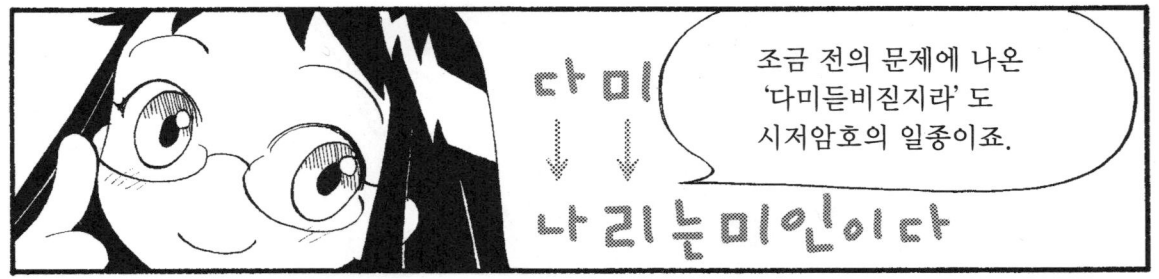

🞸 환자식암호의 키의 수

영어의 알파벳은 26개이다. 다음은 암호문에 영어 문자를 사용하여 설명한 것이다. 키의 총수는 서로 다른 26개에서 26개를 취하는 순열의 수가 되므로 계산하면 다음과 같이 된다.

$$_{26}P_{26} = 26! = 26 \times 25 \times 24 \times \cdots \times 3 \times 2 \times 1 \fallingdotseq 4.03291461 \times 10^{26}$$

여기서 말하는 순열이란 문자 그대로 순서대로 나열한 것이며, Permutation의 P로 나타낸다. 이것은 매우 큰 수이다. 컴퓨터로 1초간 1억 개씩 샅샅이 키를 찾더라도 최장의 경우는 1280억 년 정도의 터무니없는 계산 시간(계산량)이 소요될 우려가 있다.

환자식암호는 이론상으로는 키를 찾아 해독하는 것이 가능하지만, 실제로는 **계산적으로 안전한 암호**로서 자리잡고 있다. 다만, '평문에 등장하는 문자의 출현 빈도와, 암호문에 등장하는 문자의 출현 빈도가 일치하는 것'을 이용하는 빈도분석이라는 암호해독법에 약하다고 알려져 있다. 실제로 계산적으로 안전하다고 할 수 있는 것에는 환자식암호 가운데 1회만 사용하고 버리는 키가 되도록 한 원타임 패드(one-time pad) 등이 있다.

여기서 수학을 복습해 두자. 순열과 조합이라는 말을 들어보았는가? 순열은 n개로부터 r개를 끄집어내어 순서대로 한 줄로 나열하는 방법이며 공식은 다음과 같다.

$$_{n}P_{r} = n(n-1) \times (n-2) \times \cdots\cdots \times (n-r+1) = \frac{n!}{(n-r)!}$$

n개로부터 r개를 끄집어내는 방법을 조합이라고 하며, Combination의 C로 나타낸다.

$$_{n}C_{r} = \frac{_{n}P_{r}}{r!} = \frac{n!}{(n-r)!\,r!}$$

순열과 조합의 경우 순열은 순서가 중요하므로 AB와 BA는 다른 것이라고 생각되지만, 조합은 끄집어내는 방법이므로 순서에 관계없이 AB와 BA는 같은 것으로 생각된다. 그리고 감탄부호 '!'는 계승을 의미한다. 계승이란 n에 대하여 1에서 n까지의 모든 수를 곱한 것이다.

$$n! = n \times (n-1) \times \cdots\cdots \times 3 \times 2 \times 1$$

🍀 다표식암호의 키의 수

1블록을 n자로 하였다고 하자. 그 첫 문자는 몇 문자 옮겨져 있는지 정확하지 않으므로, 26회 시도해야 하는 셈이다. 마찬가지로 둘째 문자에서 n째 문자까지 각각 26회 시도하는 것이 필요하다. 이 때문에 키의 총수는 다음과 같이 된다.

$$\underbrace{26 \times 26 \times \cdots \times 26 \times 26}_{n\text{개}} = 26^n$$

$n=4$인 경우는 다음과 같이 된다.

$$\underbrace{26 \times 26 \times 26 \times 26}_{4\text{개}} = 26^4$$

$$26^4 = 456976$$

n이 커짐에 따라 키의 수는 급격하게 늘어난다. $n=10$의 경우에는 140조보다 커진다.

🍀 전치식암호의 키의 수

1블록을 n자로 했을 경우 키의 총수는 다음과 같아진다.

$$_nP_n = n \times (n-1) \times (n-2) \times \cdots \times 3 \times 2 \times 1 = n!$$

1블록이 4문자인 경우($n=4$)의 키 E_k의 총수는 다음과 같다.

$$4! = 4 \times 3 \times 2 \times 1 = 24$$

n을 크게 할수록 키의 총수가 늘어나 암호의 안전성이 높아진다. 특히, $n=26$의 경우는 환자식암호와 같은 수가 된다.

❈ 해독이 가능해지는 조건

일반적으로 해독(도청)이 가능해지는 조건은 다음과 같다.

① 암호화 알고리듬이 알려져 있는 경우
② 문자 출현율의 치우침 등 평문에 대해 통계적 성질의 데이터가 있는 경우
③ 암호화의 예문을 많이 가지고 있는 경우

❈ 절대 안전한 암호

1회만 사용하는 난수를 바탕으로 하는, 즉 쓰고 버리는 키를 사용해 해독 불가능한 암호를 만들 수 있는데, 그런 암호문은 재현성이 없다.

좀더 자세히 설명하면 평문 P에 길이가 같은 난수의 줄을 덧붙여 암호문 C를 만든다는 것이다. 이것을 **버넘암호**(길버트 버넘에 의해 1917년 고안되었고 특허를 받았다.)라 하며 사용하고 버리는 키(원타임 패드)를 이용하고 있어 해독이 불가능하다는 사실이 1949년에 섀넌(27쪽 참고)에 의해 수학적으로 증명되었다.

버넘암호의 간단한 예를 보자.
먼저, 알파벳을 문자코드(수치)에 대응시킨다.

표 1.1 문자코드

A	B	C	D	E	F	G	H	I	J	K	L	M
0	1	2	3	4	5	6	7	8	9	10	11	12

N	O	P	Q	R	S	T	U	V	W	X	Y	Z
13	14	15	16	17	18	19	20	21	22	23	24	25

수치를 가산할 때는 그 합을 26으로 나눈 나머지를 답으로 하기로 한다.

① 알파벳을 문자코드로 변환

평문	M	O	M	O	T	A	R	O
	↓	↓	↓	↓	↓	↓	↓	↓
	12	14	12	14	19	0	17	14

② 1회만 사용하는 난수를 가산

난수열 (암호화키)	12	14	12	14	19	0	17	14
	+	+	+	+	+	+	+	+
	9	20	15	23	27	2	15	8
	∥	∥	∥	∥	∥	∥	∥	∥
	21	34	27	37	46	2	32	22

③ 26으로 나눈 나머지를 계산

	21	34	27	37	46	2	32	22
	↓	↓	↓	↓	↓	↓	↓	↓
	21	8	1	11	20	2	6	22

④ 문자코드를 이용하여 알파벳으로 변환

암호문	21	8	1	11	20	2	6	22
	↓	↓	↓	↓	↓	↓	↓	↓
	V	I	B	L	U	C	G	W

❀ 안전한 암호

① 절대 안전한 암호 : 버넘암호처럼 이론적으로 해독이 불가능한 것
② 계산적으로 안전한 암호 : 해독하는 데 채산이 맞지 않을 정도로 수고와 시간이 소요되며, 현대의 상용 암호에 사용됨

제1장 암호의 기초

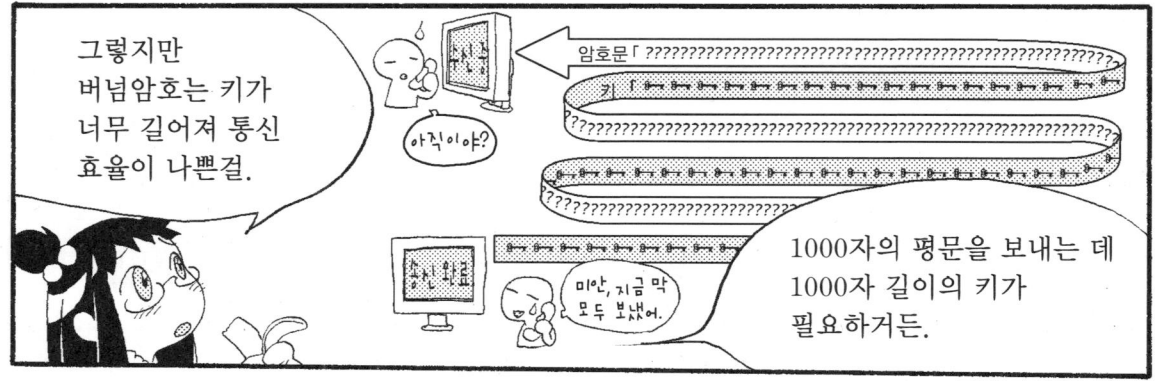

제1장 암호의 기초

제 2 장
공통키암호화 기술

1. 2진수와 배타적논리합

제2장 공통키암호화 기술

뭐야 이게?

오늘도 큰 고기!
커다란 보석을
낚아올렸다 ♥

괴도 사이퍼

추신 :
다시 만날 날을 위해
모두 이것을 연구해 두도록!

00110001   00101011   00110001   00111101   00110000

새로운 암호 등장인가……

흠흠흠

당장 나리에게 물어봐야겠어.

나도 같이 가요!

저……
그런데 수사는?

00110001　00101011
00110001　00111101
00110000

컴퓨터가 다루는 데이터는 모두

0과 1을 조합시킨 2진수야.

0이나 1로 나타내는 정보의 최소 단위를 비트(bit)라고 한다.

8비트(0이나 1의 숫자가 8개 늘어선 8자리 2진수)를 묶어 1바이트(byte)라고 한다.

1바이트는 2의 8제곱, 즉 수식으로 나타내면 $2^8 = 256$ 정도의 정보를 나타낼 수 있다.

표 2.1 2진수, 10진수, 16진수의 대응

2진수	10진수	16진수	2진수	10진수	16진수
0000	0	0	1000	8	8
0001	1	1	1001	9	9
0010	2	2	1010	10	A
0011	3	3	1011	11	B
0100	4	4	1100	12	C
0101	5	5	1101	13	D
0110	6	6	1110	14	E
0111	7	7	1111	15	F

0은 0이고 1은 1이고 2는 10이고……

2진수는 수가 커짐에 따라 점점 자릿수가 늘어나기 때문에 때때로 16진수에 의한 표기가 사용된다. 16진수임을 나타내기 위해 '0x'라는 기호를 앞에 붙이는 경우가 있다. 16진수인 0xA는 10진수의 10을 나타낸다.

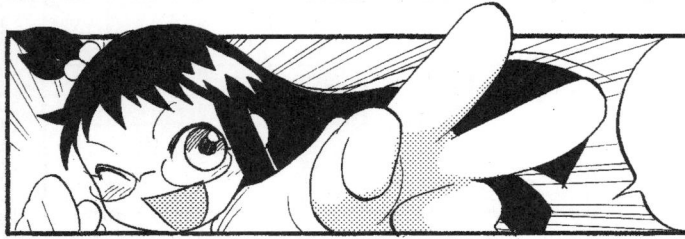

문자를 사용한 역사적 암호와 다른 현대 암호에서는 모두 2진수가 기본이야!

※ KS X 1003 코드는 세계 표준인 ASCII 코드를 대한민국 국내용으로 확장하여 문자 및 숫자와 기타기호 등을 나타내려고 한 문자코드이다.

※ 표의 숫자는 16진수이며 위쪽이 상위 4비트를, 왼쪽이 하위 4비트를 나타낸다.

표 2.2 KS X 1003 코드

하위 4비트 \ 상위 4비트	00	10	20	30	40	50	60	70
00		DE		0	@	P		p
01	SH	D1	!	1	A	Q	a	q
02	SX	D2	"	2	B	R	b	r
03	EX	D3	#	3	C	S	c	s
04	ET	D4	$	4	D	T	d	t
05	EQ	NK	%	5	E	U	e	u
06	AK	SN	&	6	F	V	f	v
07	BL	EB	'	7	G	W	g	w
08	BS	CN	(	8	H	X	h	x
09	HT	EM	)	9	I	Y	i	y
0A	LF	SB	*	:	J	Z	j	z
0B	HM	EC	+	;	K	[	k	{
0C	CL	→	,	<	L	¥	l	|
0D	CR	←	-	=	M	]	m	}
0E	SO	↑	.	>	N	^	n	―
0F	SI	↓	/	?	O	_	o	

그럼 사이퍼가 남긴 숫자는 이런 거야.

표 2.3 2진수와 KS X 1003 코드의 대응

2진수	16진수	KS X 1003 코드
00110001	31	1
00101011	2B	+
00110001	31	1
00111101	3D	=
00110000	30	0

$$1 + 1 = 0$$

1 더하기 1은 2잖아.

사이퍼는 바보야?

그럴 리 없어!

이것은 XOR연산 즉, 배타적논리합의 식을 나타낸 거야!

암호에 필요한 논리연산이라니까!!

XO소스?

XO 위스키?

아기 분유 XO?

할 일이 생각났으니까 돌아가서……

이봐요

논리연산이라는 것은 1과 0처럼 2종류의 값만 다루는 계산을 말해.

컴퓨터가 하는 계산은 모두 논리연산이야!

OR(논리합) A+B

A	B	A+B
0	0	0
1	0	1
0	1	1
1	1	1

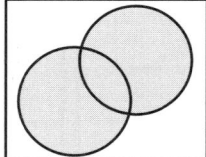

어느 하나가 1일 때 결과는 1이 된다.

AND(논리곱) A·B

A	B	A+B
0	0	0
1	0	0
0	1	0
1	1	1

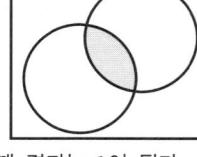

양쪽이 1일 때 결과는 1이 된다.

NOT(부정) $\overline{A}$

A	$\overline{A}$
1	0
0	1

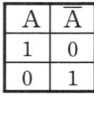

1이면 0, 0이면 1이 된다.

NAND(부정논리곱) $\overline{A \cdot B}$

A	B	AB
0	0	1
1	0	1
0	1	1
1	1	0

어느 하나가 0일 때 1이 된다.

NOR(부정논리합) $\overline{A+B}$

A	B	$\overline{A+B}$
0	0	1
1	0	0
0	1	0
1	1	0

양쪽이 0일 때 1이 된다.

XOR(배타적논리합) $\overline{A} \cdot B + A \cdot \overline{B} = (A \oplus B)$

A	B	A⊕B
0	0	0
1	0	1
0	1	1
1	1	0

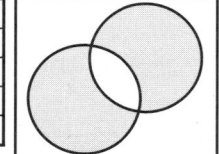

서로 다르면 결과는 1이 된다. (일치·불일치 논리라고도 한다.)

그림 2.1 논리연산

배타적논리합은 그림 2.1처럼

서로 값이 다를 때가 '1'이며 그 밖에는 '0'이 돼.

배타적논리합(XOR연산)의 기호는 '⊕'이며, $1 \oplus 0 = 1$, $1 \oplus 1 = 0$ 처럼 사용된다.

이 연산이 어떤 것에 도움이 될까?

가령 (1101)을 평문, (1001)을 암호화키로 XOR연산을 하기로 한다.

  (1101) ⊕ (1001) ＝ (0100)
   평문 암호화키 암호문

연산 결과인 (0100)을 암호문이라고 생각하기로 한다. 그 다음에 암호문 (0100)과 복호키 (1001)의 XOR연산을 한다.

  (0100) ⊕ (1001) ＝ (1101)
   암호문 복호키 평문

그러면 복호된 평문이 얻어진다. 또한, 암호문 (0100)과 평문 (1101)의 XOR연산을 하면 다음과 같이 키가 얻어진다.

  (0100) ⊕ (1101) ＝ (1001)
   암호문 평문 복호키 ＝ 암호화키

즉 평문, 암호화키, 복호키, 암호문 가운데 어느 두 가지의 데이터로부터 나머지 데이터 하나만 구해진다.

2. 공통키암호란

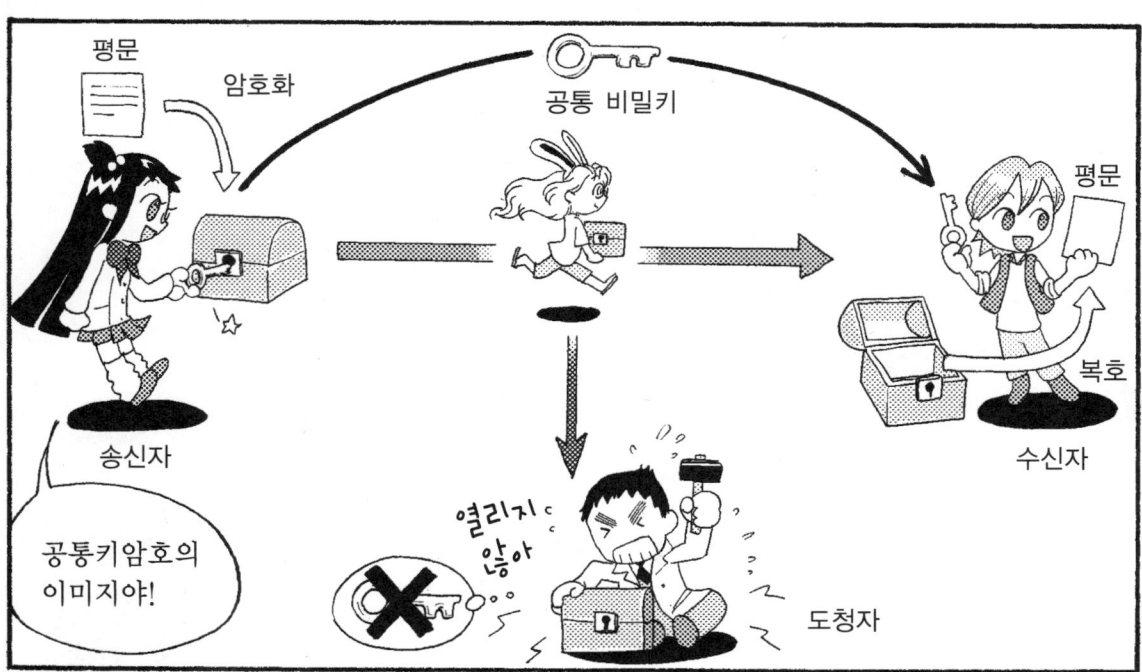

공통키암호(Common Key Cryptography)는 그 특징 때문에 대칭키암호(Symmetric Key Cryptography) 또는 비밀키암호(Secret Key Cryptography)라고도 한다. 역사적인 암호(관용 암호)도 모두 공통키암호이다.

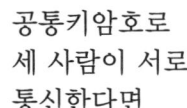

공통키암호로 세 사람이 서로 통신한다면

키는 몇 개 필요하리라고 생각해?

3개야?

맞았어

이제 오빠!

네 사람이 서로 통신한다면 키는 몇 개가 필요할까?

음……

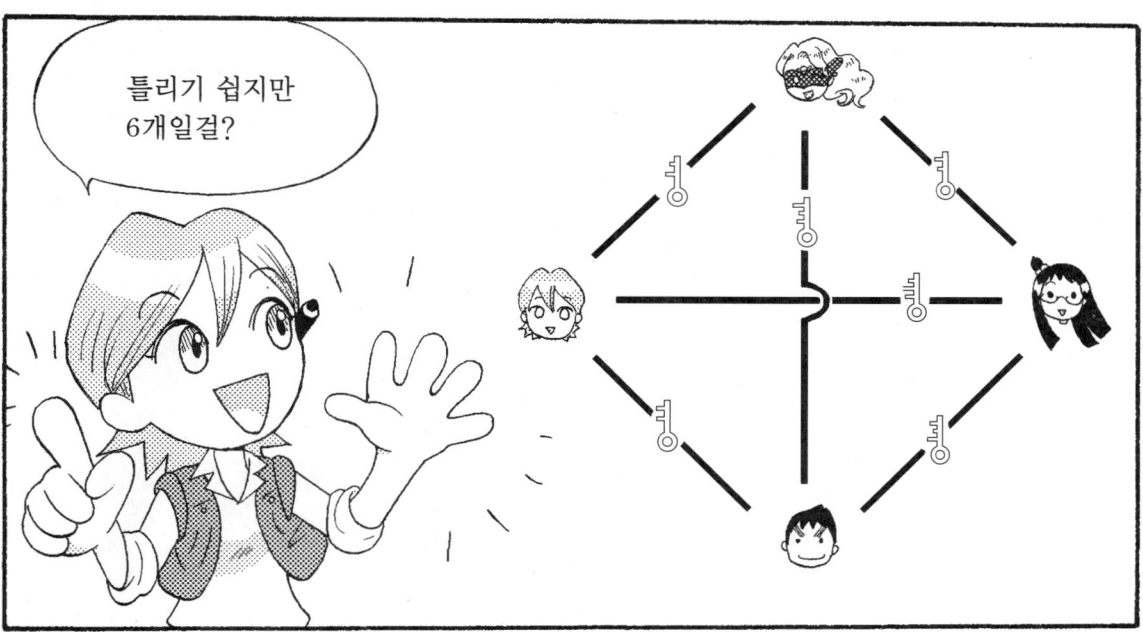

❀ 공통키암호의 특징

- 키가 알려지지 않게 배송이나 보관에 주의할 필요가 있다.

- 계산량이 적어 고속으로 암호화와 복호가 이루어지기 때문에 대량의 데이터 통신에 적합하다.

- 다수의 키와 그 관리가 필요하므로 불특정 다수와 통신하기에 적합하지 않다.

3. 스트림암호의 구조

스트림암호가 어떻게 암호화되는지 살펴보기로 해요.

스트림(Stream)이란 흐름이라는 뜻이다. 축차적으로 암호화와 복호를 하는 것이며, 휴대폰에 의한 통신 등에 사용되고 있다.

키는 컴퓨터로 발생시킨 기다란 의사난수열(아무 의미가 없는 수의 나열)이다. 평문 데이터와 키를 차례로 XOR연산하면 암호화할 수 있다.

블록암호에 비해 조작이 단순하기 때문에 고속으로 처리가 이루어진다.

대표적인 스트림암호로는 'RC4', 'SEAL' 등이 있다.

그림 2.2 스트림암호의 구조

4. 블록암호의 구조

스트림암호는 1비트마다 암호화하는데 비해 블록암호는 일정한 길이의 블록으로 나누어 암호화한다(그림 2.3). 1블록의 길이는 암호에 따라 다르지만, 64비트와 128비트가 있다. 1바이트의 문자는 8비트가 되므로 64비트를 1블록으로 하면 8문자로 1블록이 된다.

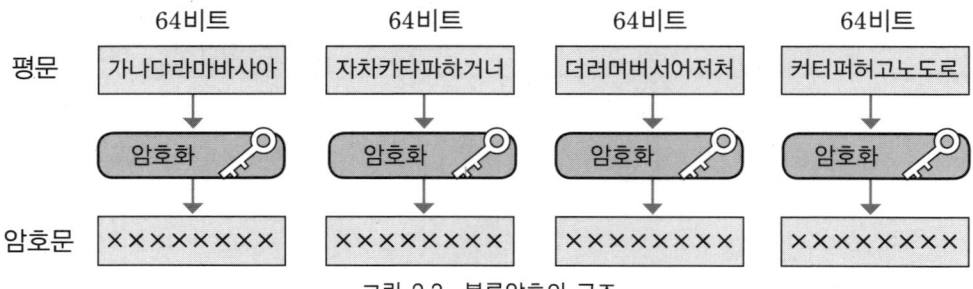

그림 2.3 블록암호의 구조

1블록이 64비트가 된 것은 컴퓨터의 처리 능력 향상에 따라 계산 횟수가 적어도 괜찮기 때문이며, 비트 수가 너무 적으면 안전성에도 문제가 있기 때문이다.

표 2.4 블록암호의 종류

암호의 명칭	블록의 길이[비트]	키의 길이[비트]		
DES	64	64		
AES	128	128	192	256

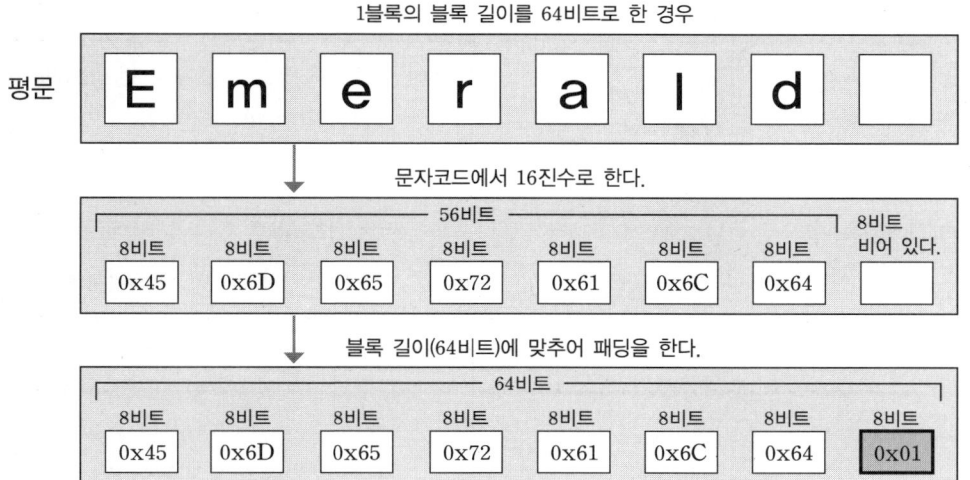

그림 2.4 패딩의 예

위의 예에서는 '0x01'을 더해 블록 길이 64비트(8바이트)로 하고 있다. 이 '0x01'이란 '1'을 뜻하며, 복호할 때 제거될 패딩의 바이트 수를 나타낸다. 패딩에는 이 외에도 몇가지 방법이 있다.

제 2 장 공통키암호화 기술 75

❁ 파이스텔형 암호의 기본 구성

파이스텔이 생각한 암호화 방법은 다음과 같은 것이다.

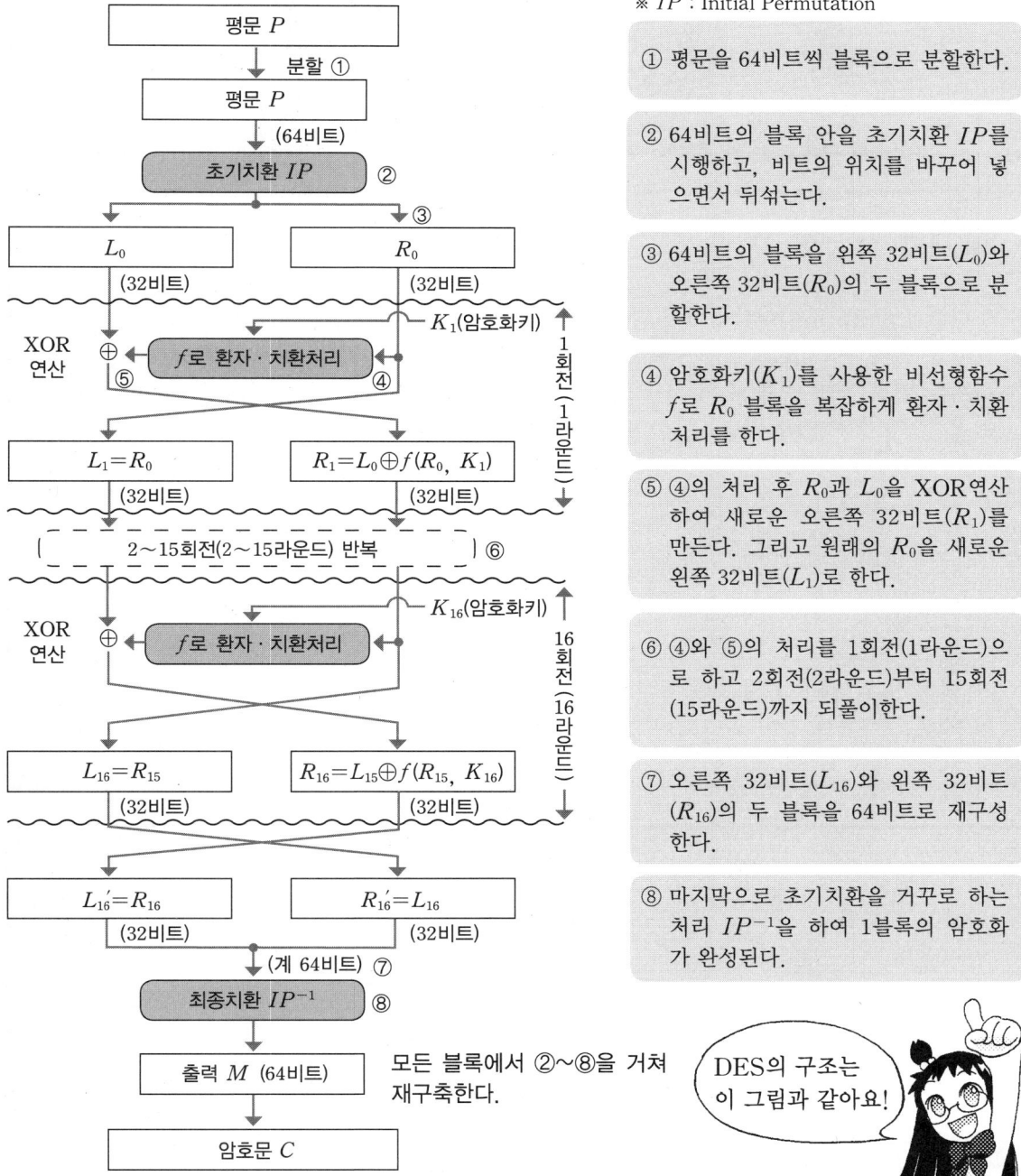

그림 2.6 DES에서의 암호화 순서(암호문의 생성)

※ IP : Initial Permutation

① 평문을 64비트씩 블록으로 분할한다.

② 64비트의 블록 안을 초기치환 IP를 시행하고, 비트의 위치를 바꾸어 넣으면서 뒤섞는다.

③ 64비트의 블록을 왼쪽 32비트(L_0)와 오른쪽 32비트(R_0)의 두 블록으로 분할한다.

④ 암호화키(K_1)를 사용한 비선형함수 f로 R_0 블록을 복잡하게 환자·치환 처리를 한다.

⑤ ④의 처리 후 R_0과 L_0을 XOR연산 하여 새로운 오른쪽 32비트(R_1)를 만든다. 그리고 원래의 R_0을 새로운 왼쪽 32비트(L_1)로 한다.

⑥ ④와 ⑤의 처리를 1회전(1라운드)으로 하고 2회전(2라운드)부터 15회전(15라운드)까지 되풀이한다.

⑦ 오른쪽 32비트(L_{16})와 왼쪽 32비트(R_{16})의 두 블록을 64비트로 재구성한다.

⑧ 마지막으로 초기치환을 거꾸로 하는 처리 IP^{-1}을 하여 1블록의 암호화가 완성된다.

DES의 구조는 이 그림과 같아요!

🍀 대합

    대합(involution)이란 2회 변환할 경우 원래 상태로 돌아가는 변환을 말한다.
    예를 들어 1이 4로, 2가 3으로, 3이 2로, 4가 1로 바뀌는 변환을 생각해 보자. 이 변환에서는 변환 전과 변환 후의 값이 1 : 1로 대응하고 있다. 이제 2회 연속 변환해 보자. 그러면

$$1 \rightarrow 4 \rightarrow 1$$
$$2 \rightarrow 3 \rightarrow 2$$
$$3 \rightarrow 2 \rightarrow 3$$
$$4 \rightarrow 1 \rightarrow 4$$

가 되어 모두 원래의 값으로 돌아간다. 이러한 변환을 대합이라 한다. 대합은 DES암호의 복호의 구조와 깊이 관련되어 있다.

※ 억＝10^8, 조＝10^{12}, 경＝10^{16}, 해＝10^{20}

❊ DES의 암호화키 생성

DES에서 암호화에 사용하는 키 K_1, K_2, K_3, ……, K_{16}은 매회전(1라운드)마다 서로 다르게 만들어진다.

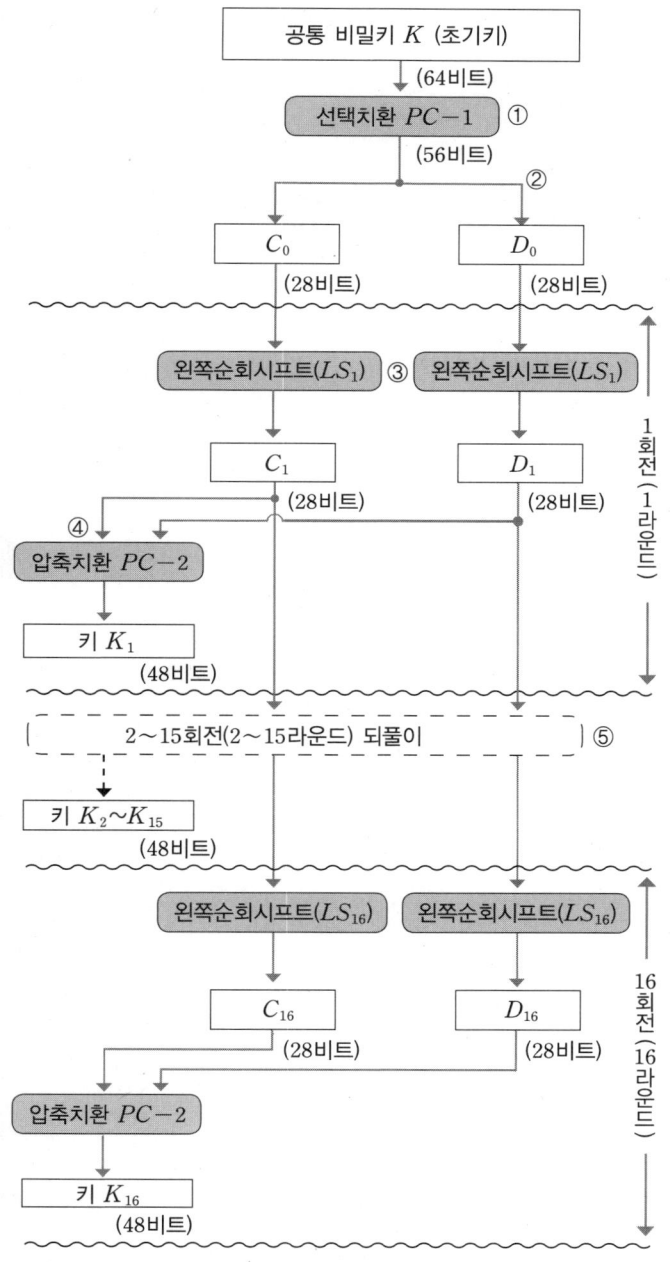

※ PC : Permuted Choice

① 64비트의 초기키로부터 오류검출에 사용하는 8비트를 제외하고 선택치환 $PC-1$을 한다.

② 56비트를 왼쪽 28비트(C_0)와 오른쪽 28비트(D_0)의 두 블록으로 나눈다.

③ C_0과 D_0을 어느 비트 수만큼 왼쪽순회시프트(LS_1)하여 이것을 C_1과 D_1로 한다.

④ C_1과 D_1을 합하고, 8비트를 제외한 채 압축치환 $PC-2$를 하여 48비트의 키 K_1로 한다.

⑤ ③과 ④의 처리를 되풀이하여 각 회전(라운드)의 암호화에 사용되는 키 K_n을 생성해 나간다.

※ 복호키 생성의 경우, 순회시프트에서의 왼쪽을 오른쪽으로 바꾸어 읽는다. 그리고 암호화에 사용하는 키와는 거꾸로, 복호에 사용하는 키 생성의 경우 키 K_{16}으로부터 K_1의 순서로 얻어진다.

그림 2.7 DES암호에서 암호화키와 복호키의 생성 순서

❇ DES의 비선형함수 f의 구조

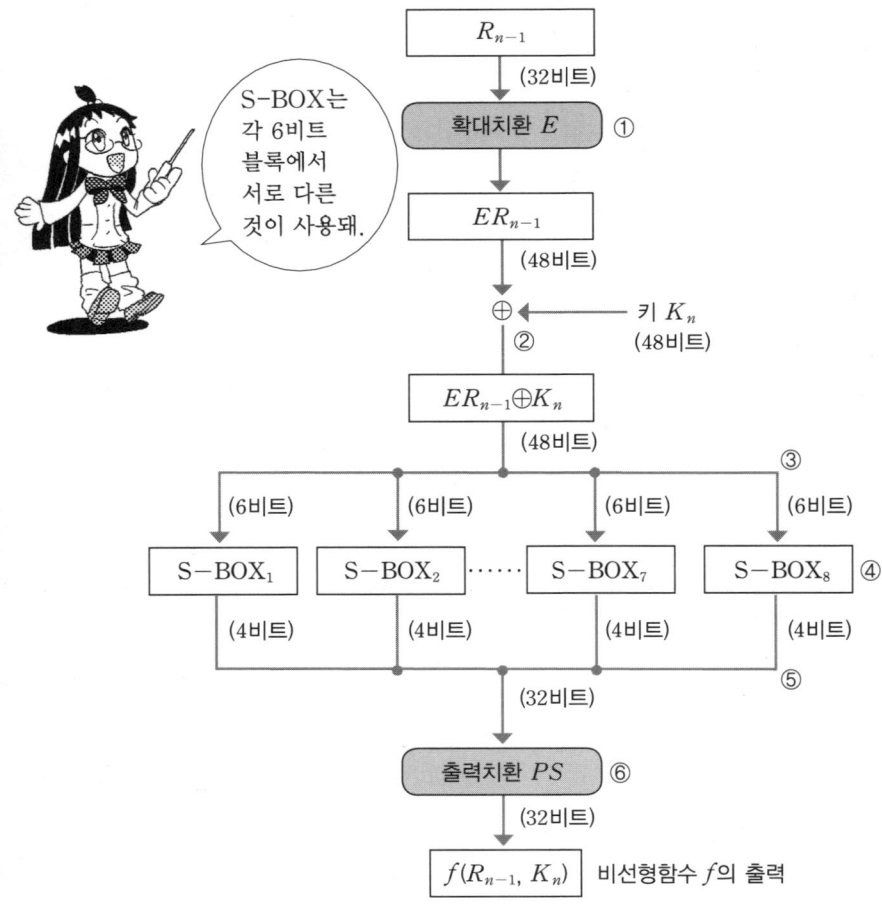

① 입력된 왼쪽 32비트 데이터를 키에 맞추어 48비트로 확대치환 E를 한다.

② 그 데이터를 키로 XOR연산을 한다.

③ 연산 결과를 6비트씩 8개로 분할한다.

④ 6비트 데이터를 각각 S-BOX(변환표) 1부터 8까지의 박스를 통해 4비트로 변환한다.

⑤ S-BOX로부터 출력되는 데이터를 순번에 따라 결합해 32비트로 재구성한다.

⑥ 마지막으로 데이터를 치환 PS한 것이 함수 f의 출력이 된다.

그림 2.8 DES의 비선형함수 f의 구조

❦ DES에 의한 암호화와 복호의 기본 구성

DES에 의한 암호화와 복호 방법은 다음과 같다. 평문의 암호화 변환처리와 암호문의 복호처리는 반대의 과정이 된다.

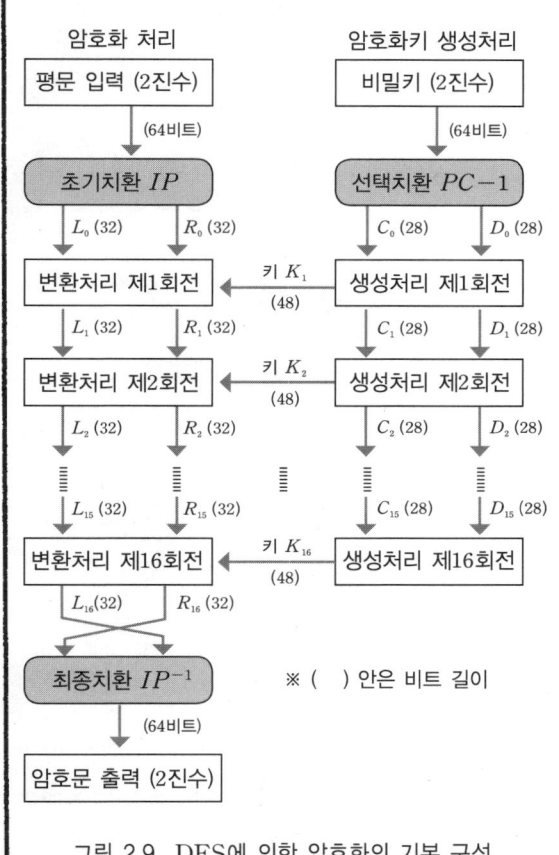

그림 2.9 DES에 의한 암호화의 기본 구성

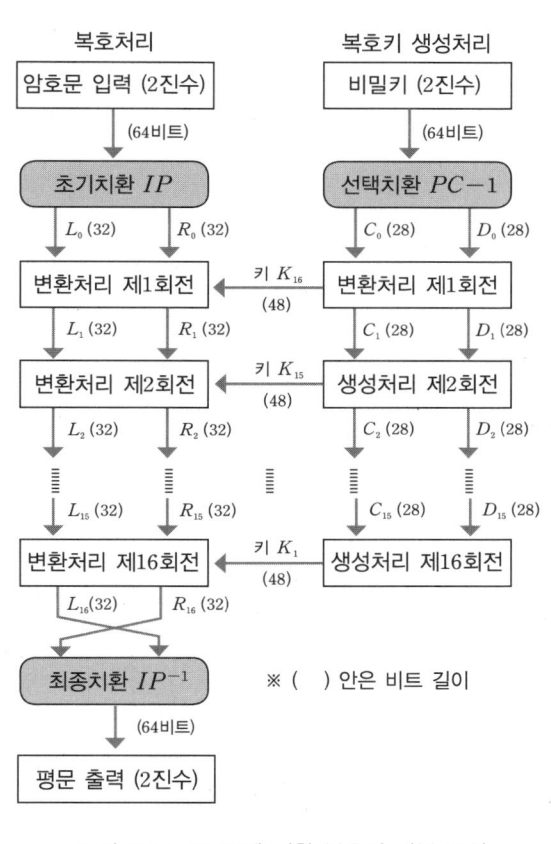

그림 2.10 DES에 의한 복호의 기본 구성

6. 3-DES암호와 AES암호

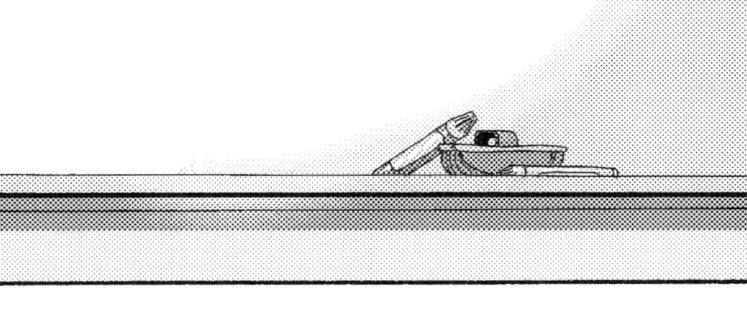

컴퓨터의 발달로 해독 가능하게 되고 있어요.

DES의 결점
- 키의 길이가 짧다. 키의 길이가 짧으면 처리 속도가 느려지거나 쉽게 해독된다.
- S-BOX의 설계 기준이 없기 때문에 미약한 구현이 나돌기 쉽다.

어떤 방법으로?

나도 가능해?

절대로 무리야.

블록암호를 해독하는 방법에는 이런 것이 있어요.

표 2.3 블록암호의 해독법

전수조사해독법	가능한 모든 경우의 키를 조사하여 키를 찾는 방법
차분해독법	입력차분이 그대로 출력차분이 되는 XOR연산의 성질을 이용해 키를 찾는 방법
선형해독법	S-BOX를 선형근사(일차함수의 직선에 근사)시켜 확률적으로 출력을 추정하는 방법

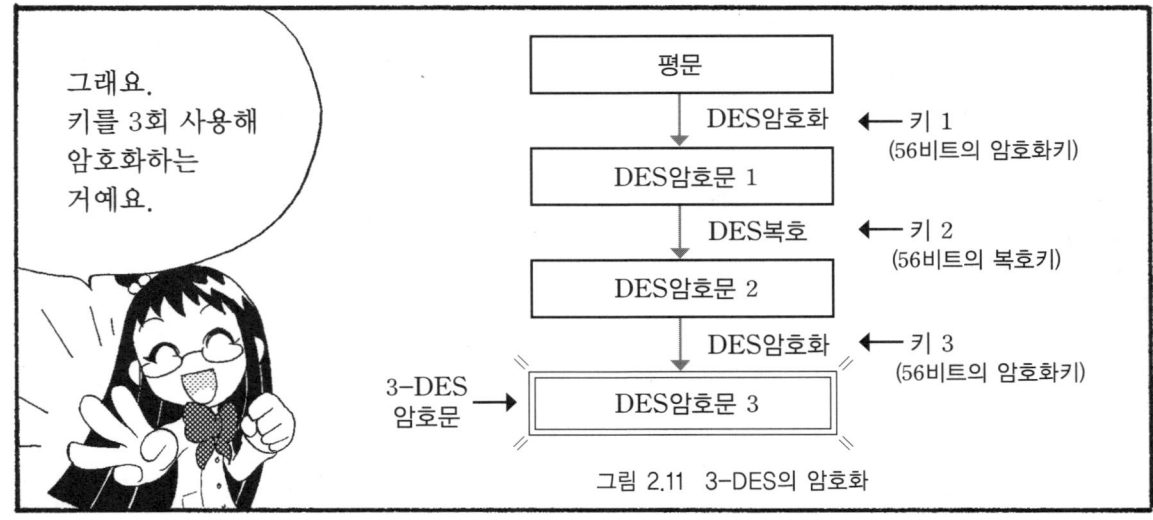

그림 2.11 3-DES의 암호화

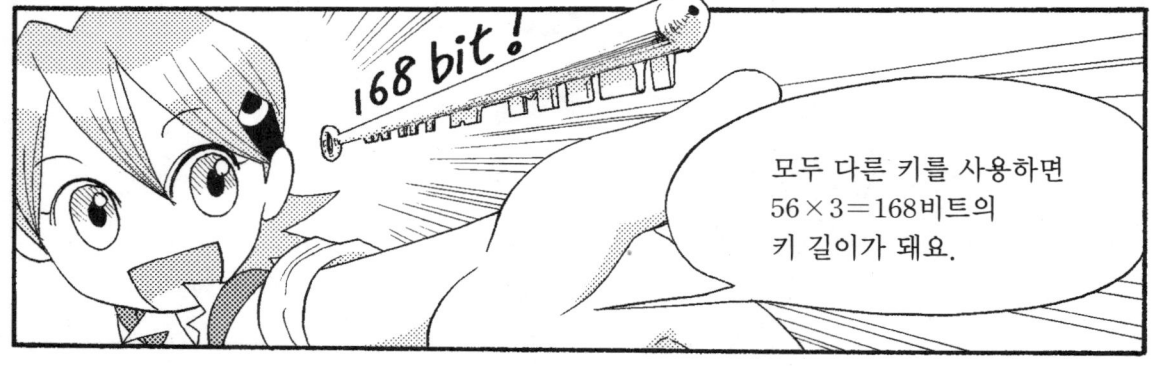

❈ AES암호의 개요

2000년에 레인달(Rijndael)은 AES로서 FIPS(Federal Information Processing Standard : 연방정보처리표준)에 채용되었다. 레인달이라는 이름은 개발자인 벨기에의 루뱅가톨릭대학의 연구자 요안 다에먼(Joan Daemen)과 핀선트 레이먼(Vincent Rijmen)에 유래한다.

AES는 키의 길이에 따라 표 2.4에 소개하는 3종류가 있다.

표 2.4 AES암호의 종류

종류	키의 길이[비트]	블록 길이[비트]	단수
AES-128	128	128	10
AES-192	192	128	12
AES-256	256	128	14

암호의 강도는 키 길이가 길수록 회전 수가 많을수록 커진다.

암호의 구조는 파이스텔형이 아니라 SPN(Substitution Permutation Network)형이라 부르는 것이다. 입력 블록과 각 회전의 키를 XOR연산하고 환자처리와 치환처리를 동시에 하면서 회전하는 것이다.

앞으로는 DES로부터 안전성이 높은 AES로 이행될 것이다.

간이형 DES에 의한 암호화와 복호의 실제

DES암호에서는 어떻게 암호화와 복호가 이루어질까? DES암호의 간이형을 사용해 설명하겠다.

❈ 2진수 데이터로의 변환

현대 암호에서는 DES암호뿐만 아니라 2진수 데이터를 다루므로 문장이든 숫자든 평문을 2진수 데이터로 변환할 필요가 있다. 여기서는 표 2.7에 있는 16문자(1문자는 뜻이 없는 '버리는 글자')만 사용하기로 하고, 1문자를 4비트의 2진수 코드에 대응시킨 것으로 변환해 평문을 '0'과 '1'의 계열로 나타내기로 한다.

표 2.7 문자와 2진수 코드

문자	2진수 코드	문자	2진수 코드
A	0000	I	1000
B	0001	J	1001
C	0010	K	1010
D	0011	L	1011
E	0100	M	1100
F	0101	N	1101
G	0110	O	1110
H	0111	(버리는 글자)	1111

❈ DES암호문의 생성

DES 암호에서는 64비트를 1블록으로 하고 있지만, 일반성을 훼손하지 않고 알기 쉽게 설명하기 위해 8비트를 1블록으로 하여 2회전의 간이형 DES암호를 생각한다. DES암호의 생성은 암호화와 키 생성의 두 가지 처리를 바탕으로 이루어진다(그림 2.12).

우선 맨 먼저 그림 2.12에 나타낸 것처럼 암호화하고자 하는 평문을 표 2.7에 따라 '0'과 '1'의 열로 변환한다. 8비트의 2진수 데이터는 먼저 초기치환 IP에 의해 랜덤화된다. 어떻게 랜덤화하는지에 대해서는 표 2.8과 같다.

표 2.8은 8비트씩 블록화된 평문 입력에 대해 입력 제1비트는 초기치환으로 출력 제5비트로 치환됨을 의미한다(그림 2.13). 이하에 왼쪽부터 오른쪽의 순서로 입력 제2비트는 출력 제1비트로, …… 하는 식으로 치환한다.

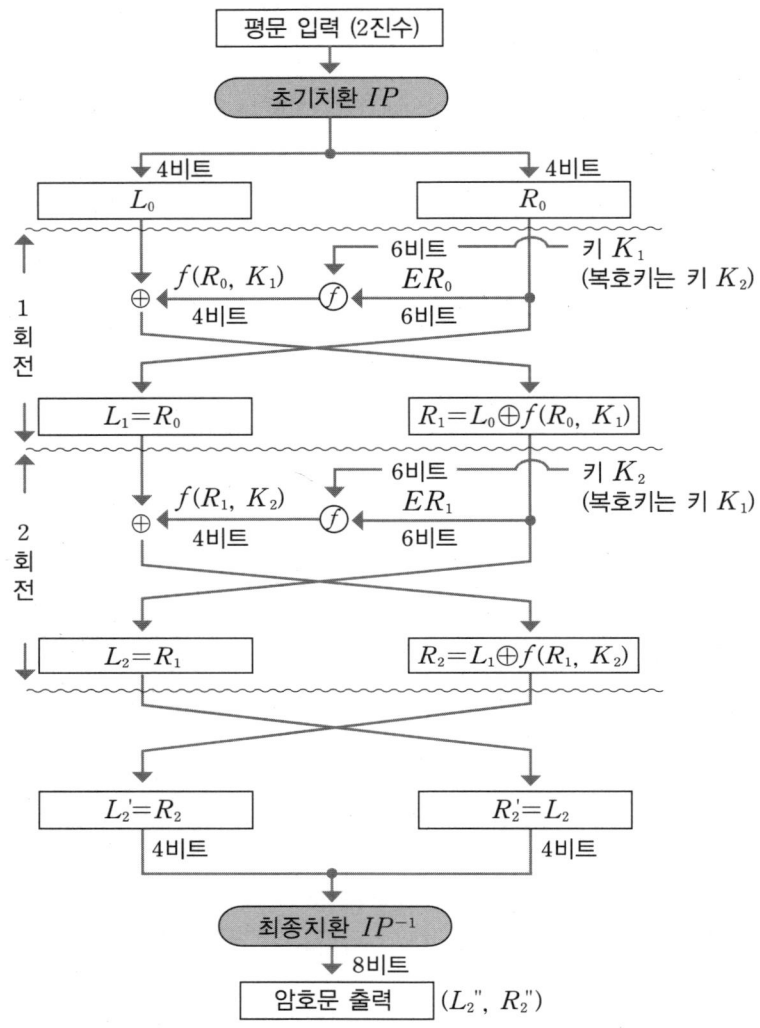

그림 2.12 간이형 DES에서의 암호문 생성 순서

표 2.8 초기치환 IP

입력 비트 위치 j	1	2	3	4	5	6	7	8
출력 비트 위치 k	5	1	6	2	7	3	8	4

표 2.9 초기치환 (표 2.8과 다른 표현)

출력 비트 위치 k	1	2	3	4	5	6	7	8
입력 비트 위치 j	2	4	6	8	1	3	5	7

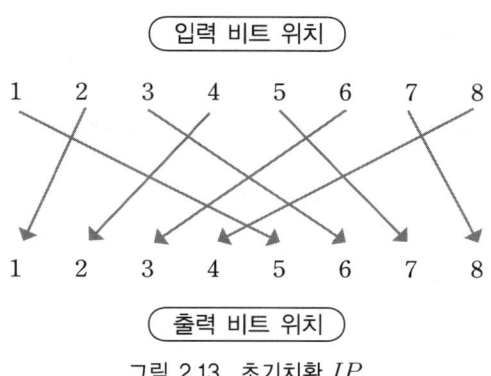

그림 2.13 초기치환 IP

그리고 표 2.8은 출력 비트의 차례로 늘어세운 형식이며, 표 2.9처럼 나타내는 경우도 있다. 표 2.9에서는 초기치환된 출력 제1비트에 입력 제2비트가 오고, 출력 제2비트에 입력 제4비트가 온다……는 식이다(그림 2.14).

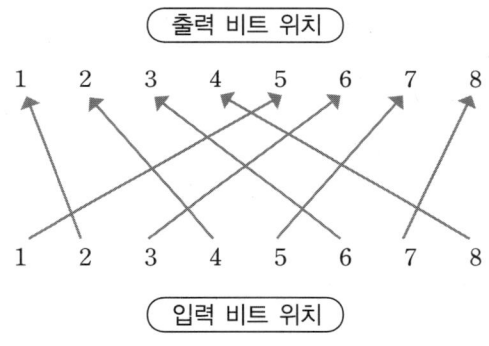

그림 2.14 초기치환 IP의 다른 표현

초기치환된 비트의 열(2진수 데이터)은 그림 2.12에서 2단의 암호 생성처리를 한 뒤, 표 2.10의 최종치환 IP^{-1}에 의해 원래의 입력 비트 위치로 돌아가는 셈이 된다.

표 2.10 최종치환 IP^{-1}

입력 비트 위치 k	1	2	3	4	5	6	7	8
출력 비트 위치 j	2	4	6	8	1	3	5	7

즉, 표 2.8과 표 2.10을 연속해 모양으로 표현해 보면, 표 2.8에서 입력 제5비트는 제7비트로서 출력되고, 그 제7비트는 표 2.10에서 제5비트가 되어, 원래의 제5비트 위치로 돌아오는 것을 알 수 있다(그림 2.15).

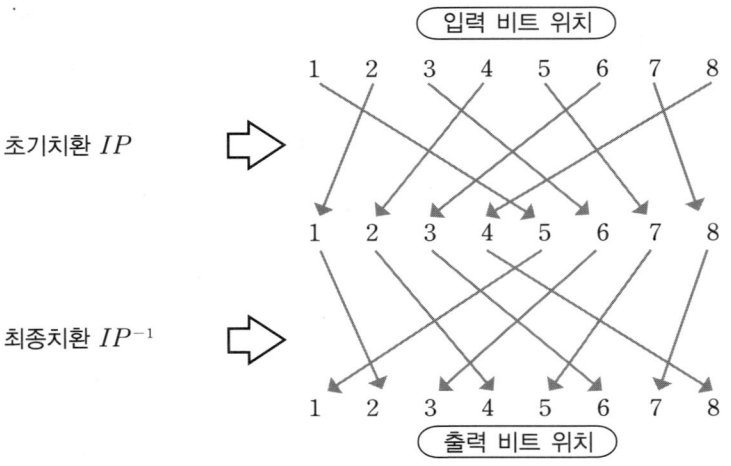

그림 2.15 초기치환 IP와 최종치환 IP^{-1}의 조합

이제부터 설명해 나가는 과정에서 필요한 DES암호에 사용될 두 가지 키는

$$K_1 = (110001), \ K_2 = (111000) \quad \cdots\cdots\cdots\cdots\cdots\cdots (1)$$

이라고 한다(키의 생성에 대해서는 나중에 설명하겠다). 이제 1문자를 4비트로 나타내기로 하고 MC라는 문자열을 간이형 DES암호문으로 만들어 보자. 표 2.7로부터 MC는 2진수 데이터로서 MC → 11000010으로 나타내진다.

아래에서 DES암호의 생성 흐름에 대하여 구체적인 예로 설명하고 있으므로, 여러분도 하나씩 빠짐없이 계산하면서 이해하기 바란다.

제1단계

초기치환으로서 표 2.8의 초기치환표를 바탕으로 평문 (11000010)=MC의 치환 출력 데이터를 작성한다(그림 2.16).

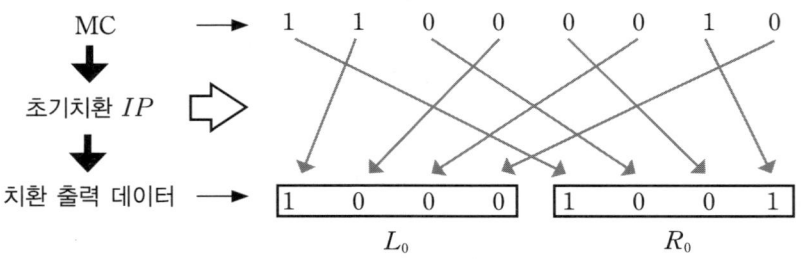

그림 2.16 평문의 초기치환 IP에 의한 출력 데이터

제2단계

제1단계에서 얻어진 치환 출력 데이터를 상위 4비트(왼쪽) L_0과 하위 4비트(오른쪽) R_0으로 분할한다. 그림 2.16으로부터 아래와 같이 된다.

$$L_0 = (1000) \quad \cdots\cdots\cdots\cdots\cdots\cdots\cdots\cdots\cdots\cdots\cdots\cdots\cdots\cdots\cdots\cdots\cdots\cdots\cdots\cdots\cdots \quad (2)$$
$$R_0 = (10\underline{01}) \quad \cdots\cdots\cdots\cdots\cdots\cdots\cdots\cdots\cdots\cdots\cdots\cdots\cdots\cdots\cdots\cdots\cdots\cdots\cdots\cdots \quad (3)$$

제3단계

표 2.11의 확대치환 E(Expansion Permutation)를 바탕으로 식 (3)의 밑줄 친 부분 제3비트와 제4비트를 중복시켜 R_0을 확대치환한다(4비트를 6비트로 비트 수를 늘리고 비트 위치를 바꾼다).

$$ER_0 = (\underline{01}10\underline{01}) \quad \cdots\cdots\cdots\cdots\cdots\cdots\cdots\cdots\cdots\cdots\cdots\cdots\cdots\cdots\cdots\cdots\cdots \quad (4)$$

표 2.11 확대치환 E

출력 비트 위치 k	1	2	3	4	5	6
입력 비트 위치 j	3	4	1	2	3	4

제4단계

식 (4)의 확대치환한 ER_0과 키 $K_1 = (110001)$의 배타적논리합을 계산한다(그림 2.17).

$$ER_0(K_1) = ER_0 \oplus K_1 \quad \cdots\cdots\cdots\cdots\cdots\cdots\cdots\cdots\cdots\cdots\cdots\cdots\cdots\cdots \quad (5)$$
$$= (011001) \oplus (110001)$$
$$= (101000) \quad \cdots\cdots\cdots\cdots\cdots\cdots\cdots\cdots\cdots\cdots\cdots\cdots\cdots\cdots\cdots\cdots\cdots \quad (6)$$

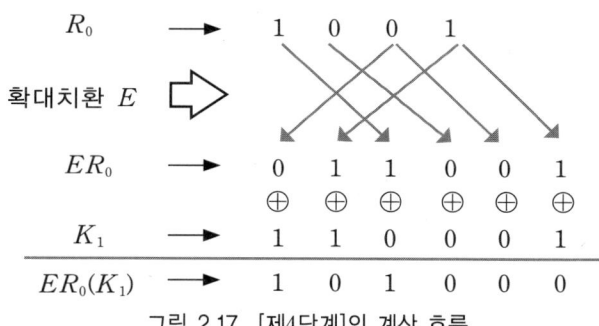

그림 2.17 [제4단계]의 계산 흐름

제5단계

표 2.12의 압축환자변환 S(Substitution)를 바탕으로 식 (6)을 압축환자변환한다(6비트를 4비트로 줄이고 환자를 고른다).

표 2.12 압축환자변환 S

		열번호														
		0	1	2	3	4	5	6	7	8	9	10	11	12	13	14	15
행번호	0	14	4	13	1	2	15	11	8	3	10	6	12	5	9	0	7
	1	0	15	7	④	14	2	13	1	10	6	12	11	9	5	3	8
	2	4	1	14	8	⑬	6	2	11	15	12	9	7	3	10	5	0
	3	15	12	8	2	4	9	1	7	5	11	3	14	10	0	6	13

표 2.12에는 행번호 0, 1, 2, 3으로 표시된 4종류의 환자표가 준비되어 있다. 이때 식 (6)의 6비트 가운데 최초의 비트(왼쪽 끝의 제1비트)와 최후 비트(오른쪽 끝의 제6비트)의 2비트가 지시하는 값에 따라 환자표의 종류를 나타내는 행번호를 선별한다. 그리고 남겨진 4비트가 지시하는 값에 따라 열번호(0~15) 하나를 결정해 환자를 선택한다.

예들 들어, 식 (6)의 (①0100⓪)$_2$에 대해서는 (①⓪)$_2$=(2)$_{10}$행째를 고르고, 다음에 (0100)$_2$=(4)$_{10}$열째와 교차하는 값 (13)$_{10}$을 선택한 후(표 2.12에서 □로 둘러싸인 위치), 2진수로 변환하여 (1101)$_2$를 얻는다. 이어 얻어진 (1101)$_2$를 표 2.13의 출력치환 PS를 바탕으로 치환처리하면, (1101) → (0111)이 된다(그림 2.18). ( )$_2$ 및 ( )$_{10}$의 첨자는 각각 2진수, 10진수를 나타낸다.

표 2.13 압축환자변환의 출력치환 PS

입력 비트 위치 j	1	2	3	4
출력 비트 위치 k	3	4	1	2

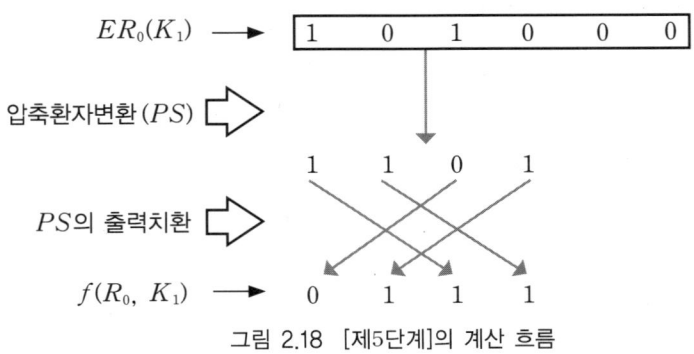

그림 2.18 [제5단계]의 계산 흐름

위에 이야기한 일련의 처리 계산이 압축환자·치환변환이다. 이 변환을 비선형함수 f로서

$$f(R_0, K_1) = (0111) \quad \cdots\cdots\cdots\cdots\cdots\cdots\cdots\cdots\cdots\cdots\cdots\cdots\cdots\cdots\cdots\cdots\cdots\cdots\cdots\cdots\cdots \quad (7)$$

로 나타내기로 한다. 여기서 비선형함수란 $f(ax+by)=af(x)+bf(y)$를 만족시키지 않는 함수를 말한다. $f(x)=2x$와 같이 원점을 지나는 일차함수는 이 조건을 만족시키므로 선형이지만, $f(x)=x^2$과 같은 이차함수는 조건을 만족시키지 않으므로 비선형함수이다.

제6단계

그림 2.12로부터 1회전의 출력으로서 상위 4비트(왼쪽) L_1과 하위 4비트(오른쪽) R_1을 식 (2), 식 (3), 식 (7)을 이용하여 구한다.

$$L_1 = R_0 = (1001) \quad \cdots\cdots\cdots\cdots\cdots\cdots\cdots\cdots\cdots\cdots\cdots\cdots\cdots\cdots\cdots\cdots\cdots\cdots \quad (8)$$
$$R_1 = L_0 + f(R_0, K_1) \quad \cdots\cdots\cdots\cdots\cdots\cdots\cdots\cdots\cdots\cdots\cdots\cdots\cdots\cdots\cdots \quad (9)$$
$$= (1000) \oplus (0111) = (1111) \quad \cdots\cdots\cdots\cdots\cdots\cdots\cdots\cdots\cdots\cdots \quad (10)$$

아래에서도 마찬가지로 제3단계 부터 제6단계 까지를 반복 계산함으로써 DES암호문을 생성할 수 있다.

제7단계

표 2.11의 확대치환 E를 바탕으로 R_1을 확대치환한다.

$$ER_1 = (111111) \quad \cdots\cdots\cdots\cdots\cdots\cdots\cdots\cdots\cdots\cdots\cdots\cdots\cdots\cdots\cdots\cdots\cdots \quad (11)$$

제8단계

식 (11)에서 확대치환된 ER_1과 키 $K_2 = (111000)$의 배타적논리합을 계산한다.

$$ER_1(K_2) = ER_1 \oplus K_2 \quad \cdots\cdots\cdots\cdots\cdots\cdots\cdots\cdots\cdots\cdots\cdots\cdots\cdots \quad (12)$$
$$= (111111) + (111000)$$
$$= (000111) \quad \cdots\cdots\cdots\cdots\cdots\cdots\cdots\cdots\cdots\cdots\cdots\cdots\cdots\cdots\cdots\cdots \quad (13)$$

제8단계

식 (13)의 $(\underline{0}0011\underline{1})_2$에 대해서는 $(\underline{0}\,\underline{1})_2 = (1)_{10}$의 행을 고르고, 다음에 $(\underline{0011})_2 = (3)_{10}$의

열이 교차하는 값 $(4)_{10}$을 선택한 뒤(표 2.12에서 ○으로 둘러싸인 위치), 2진수로 변환해 $(0100)_2$를 얻는다. 이어 표 2.13의 출력치환 PS에 의해

$$(0100) \rightarrow (0001) \quad \cdots\cdots\cdots\cdots\cdots\cdots\cdots\cdots\cdots\cdots\cdots\cdots\cdots\cdots\cdots\cdots\cdots\cdots (14)$$

이 되고, 최종적으로

$$f(R_1, K_2) = (0001) \quad \cdots\cdots\cdots\cdots\cdots\cdots\cdots\cdots\cdots\cdots\cdots\cdots\cdots\cdots\cdots\cdots (15)$$

로 나타낸다.

제10단계

그림 2.12의 2회전 출력으로서 상위 4비트(왼쪽) L_2와 하위 4비트(오른쪽) R_2는 식 (8), 식 (10), 식 (15)에 의해

$$L_2 = R_1 = (1111) \quad \cdots\cdots\cdots\cdots\cdots\cdots\cdots\cdots\cdots\cdots\cdots\cdots\cdots\cdots\cdots\cdots (16)$$
$$R_2 = L_1 \oplus f(R_1, K_2) \quad \cdots\cdots\cdots\cdots\cdots\cdots\cdots\cdots\cdots\cdots\cdots\cdots\cdots (17)$$
$$= (1001) \oplus (0001) = (1000) \quad \cdots\cdots\cdots\cdots\cdots\cdots\cdots\cdots\cdots\cdots (18)$$

으로 구해진다.

제11단계

그림 2.12로부터 맨 마지막 단에서는 상위 비트 L_2와 하위 비트 R_2를 바꿔 넣는다(그림 2.19).

$$L_2' = R_2 = (1000) \quad \cdots\cdots\cdots\cdots\cdots\cdots\cdots\cdots\cdots\cdots\cdots\cdots\cdots\cdots\cdots\cdots (19)$$
$$R_2' = L_2 = (1111) \quad \cdots\cdots\cdots\cdots\cdots\cdots\cdots\cdots\cdots\cdots\cdots\cdots\cdots\cdots\cdots\cdots (20)$$

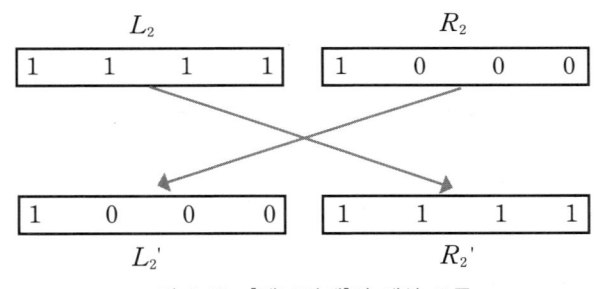

그림 2.19 [제11단계]의 계산 흐름

제12단계

그림 2.18의 2진수 데이터를 표 2.10의 최종치환 IP^{-1}을 바탕으로 치환 출력 데이터를 작성한다(그림 2.20). 이렇게 얻어진 8비트 출력 데이터가 DES암호문이 되는 것이다.

$L_2''=(1110)$ ·· (21)
$R_2''=(1010)$ ·· (22)
얻어진 암호문 (11101010)··· (23)

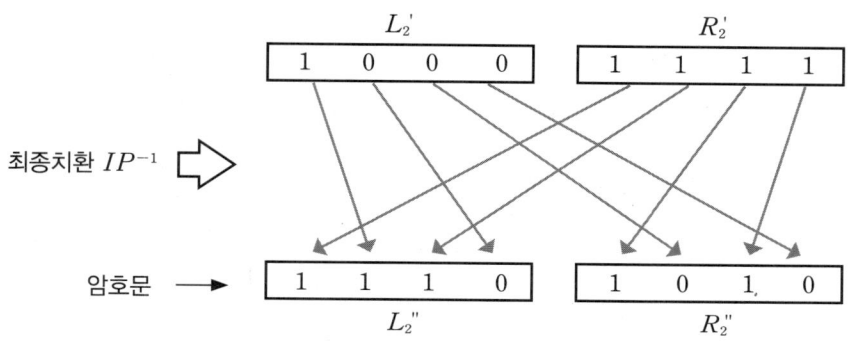

그림 2.20 최종치환 IP^{-1}에 의한 암호문 출력

❈ DES암호문의 복호

이번에는 그림 2.20의 DES암호문을 평문으로 되돌려 보기로 하자.

복호의 순서는 그림 2.12의 생성 순서를 그대로 적용할 수 있다. 그러나 DES암호문을 생성할 때는 키 K_1, K_2의 차례로 이용했지만, 복호할 때는 그 순서를 거꾸로 하여 제1회전에서는 키 K_2, 제2회전에서는 키 K_1 등의 순서가 된다.

우선 식 (23)의 암호문에 대해 제1단계의 초기치환으로부터 개시한다.

제1단계

초기치환으로서 표 2.8의 초기치환표를 바탕으로 암호문 (11101010)의 치환 출력 데이터를 작성한다(그림 2.21).

제2단계

제1단계에서 얻어진 치환 출력 데이터를 상위 4비트(왼쪽) L_0과 하위 4비트(오른쪽) R_0으로 분할한다. 그림 2.21로부터 식 (19), 식 (20)과 비교해 다음과 같이 나타낸다.

$L_0=(1000) \ (=L_2')$ ··· (24)
$R_0=(1111) \ (=R_2')$ ··· (25)

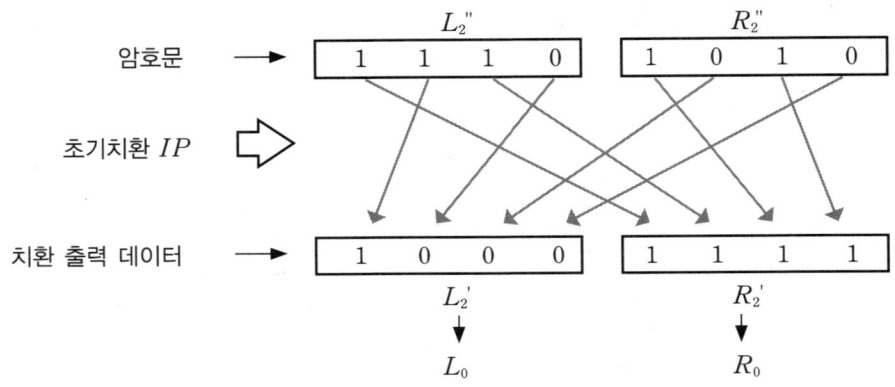

그림 2.21 암호문의 초기치환 IP에 의한 데이터 출력

제3단계

표 2.11의 확대치환 E를 바탕으로 식 (25)의 밑줄 부분인 제3비트와 제4비트를 중복시켜 R_0을 확대치환 E한다.

$$ER_0 = (\underline{1}11\underline{1}11) \quad\cdots\cdots\cdots\cdots\cdots\cdots\cdots\cdots\cdots\cdots\cdots\cdots\cdots\cdots\cdots\cdots\cdots\cdots\cdots\cdots\cdots\cdots\cdots\cdots\cdots\cdots\cdots\cdots\cdots\cdots\cdots \quad (26)$$

제4단계

식 (25)를 확대치환한 ER_0과 키 $K_2 = (111000)$의 배타적논리합을 계산한다.

$$\begin{aligned}ER_0(K_2) &= ER_0 \oplus K_2 \quad\cdots\cdots\cdots\cdots\cdots\cdots\cdots\cdots\cdots\cdots\cdots\cdots\cdots\cdots\cdots\cdots\cdots\cdots\cdots\cdots \quad (27)\\ &= (111111) \oplus (111000)\\ &= (000111) \quad\cdots\cdots\cdots\cdots\cdots\cdots\cdots\cdots\cdots\cdots\cdots\cdots\cdots\cdots\cdots\cdots\cdots\cdots\cdots\cdots\cdots\cdots\cdots \quad (28)\end{aligned}$$

제5단계

표 2.12의 압축환자변환을 바탕으로 식 (28)을 압축환자변환한다. 식 (28)의 $(⓪0011①)_2$에 대해서는 $(⓪①)_2 = (1)_{10}$행을 고르고, 다음에 $(0011)_2 = (3)_{10}$열의 교차하는 값 $(4)_{10}$을 선택한 뒤 (표 2.12에서 ○으로 둘러싸인 위치), 2진수로 변환해 $(0100)_2$를 얻는다. 이어 $(0100)_2$는 표 2.13의 출력치환 PS에 의해 $(0100) \rightarrow (0001)$이 되고, 최종적으로

$$f(R_0, K_2) = (0001) \quad\cdots\cdots\cdots\cdots\cdots\cdots\cdots\cdots\cdots\cdots\cdots\cdots\cdots\cdots\cdots\cdots\cdots\cdots\cdots\cdots\cdots\cdots\cdots\cdots\cdots \quad (29)$$

로 나타낸다.

제6단계

그림 2.12로부터 1회전의 출력으로서 상위 4비트(왼쪽) L_1과 하위 4비트(오른쪽) R_1을 식 (24), 식 (25), 식 (29)를 이용해 구한다.

$$L_1 = R_0 = (1111) \quad \cdots\cdots\cdots\cdots\cdots\cdots\cdots\cdots\cdots\cdots\cdots\cdots\cdots\cdots\cdots\cdots\cdots\cdots\cdots\cdots\cdots\cdots (30)$$
$$R_1 = L_0 \oplus f(R_0, K_2) \quad \cdots\cdots\cdots\cdots\cdots\cdots\cdots\cdots\cdots\cdots\cdots\cdots\cdots\cdots\cdots\cdots (31)$$
$$= (1000) \oplus (0001) = (10\underline{0}1) \quad \cdots\cdots\cdots\cdots\cdots\cdots\cdots\cdots\cdots\cdots\cdots (32)$$

아래에서도 똑같이 제3단계 부터 제6단계 까지를 반복 계산한다.

제7단계

표 2.11의 확대치환 E를 바탕으로 R_1을 확대치환한다.

$$ER_1 = (0\underline{11}00\underline{1}) \quad \cdots\cdots\cdots\cdots\cdots\cdots\cdots\cdots\cdots\cdots\cdots\cdots\cdots\cdots\cdots\cdots\cdots\cdots\cdots (33)$$

제8단계

식 (33)의 확대치환한 ER_1과 키 $K_1 = (110001)$의 배타적논리합을 계산한다.

$$ER_1(K_1) = ER_1 \oplus K_1 \quad \cdots\cdots\cdots\cdots\cdots\cdots\cdots\cdots\cdots\cdots\cdots\cdots\cdots\cdots\cdots (34)$$
$$= (011001) \oplus (110001)$$
$$= (101000) \quad \cdots\cdots\cdots\cdots\cdots\cdots\cdots\cdots\cdots\cdots\cdots\cdots\cdots\cdots\cdots\cdots\cdots\cdots (35)$$

제9단계

식 (35)의 (①0100⓪)$_2$에 대해서는 (①⓪)$_2$=(2)$_{10}$행을 고르고, 다음에 (0100)$_2$=(4)$_{10}$열과 교차하는 값 (13)$_{10}$을 선택한 뒤(표 2.12에서 □로 둘러싸인 위치), 2진수로 변환해 (1101)$_2$를 얻는다. 이어 표 2.13의 출력치환 PS에 의해

$$(1101) \rightarrow (0111) \quad \cdots\cdots\cdots\cdots\cdots\cdots\cdots\cdots\cdots\cdots\cdots\cdots\cdots\cdots\cdots\cdots\cdots\cdots (36)$$

이 되고, 최종적으로

$$f(R_1, K_1) = (0111) \quad \cdots\cdots\cdots\cdots\cdots\cdots\cdots\cdots\cdots\cdots\cdots\cdots\cdots\cdots\cdots\cdots\cdots (37)$$

로 나타낸다.

제10단계

그림 2.12의 2회전 출력으로서 상위 4비트(왼쪽) L_2와 하위 4비트(오른쪽) R_2는 식 (30), 식 (31), 식 (37)로부터

$$L_2 = R_1 = (1001) \quad\quad\quad\quad\quad\quad\quad\quad\quad\quad\quad\quad\quad\quad (38)$$
$$R_2 = L_1 \oplus f(R_1, K_1) \quad\quad\quad\quad\quad\quad\quad\quad\quad\quad\quad (39)$$
$$= (1111) \oplus (0111) = (1000) \quad\quad\quad\quad\quad\quad\quad (40)$$

이 구해진다.

제11단계

그림 2.12로부터 맨 마지막 회전에서는 상위 비트 L_2와 하위 비트 R_2를 4비트 마무리하여 바꿔 넣는다(그림 2.22).

$$L_2' = R_2 = (1000) \quad\quad\quad\quad\quad\quad\quad\quad\quad\quad\quad\quad\quad (41)$$
$$R_2' = L_2 = (1001) \quad\quad\quad\quad\quad\quad\quad\quad\quad\quad\quad\quad\quad (42)$$

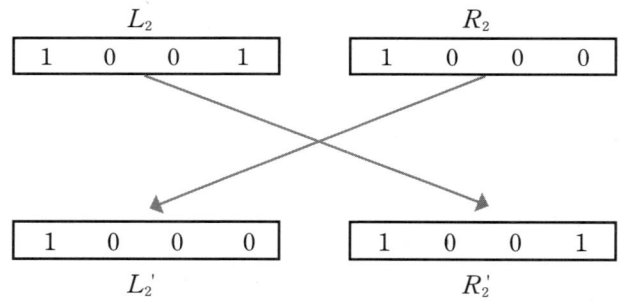

그림 2.22 [제11단계]의 계산 흐름

제12단계

그림 2.22의 2진수 데이터를 가지고 표 2.9의 최종치환 IP^{-1}을 바탕으로 치환 출력 데이터를 작성한다(그림 2.23).

$$L_2'' = (1100) \quad\quad\quad\quad\quad\quad\quad\quad\quad\quad\quad\quad\quad\quad\quad (43)$$
$$R_2'' = (0010) \quad\quad\quad\quad\quad\quad\quad\quad\quad\quad\quad\quad\quad\quad\quad (44)$$

얻어진 평문 1100   0010
              'M'   'C'

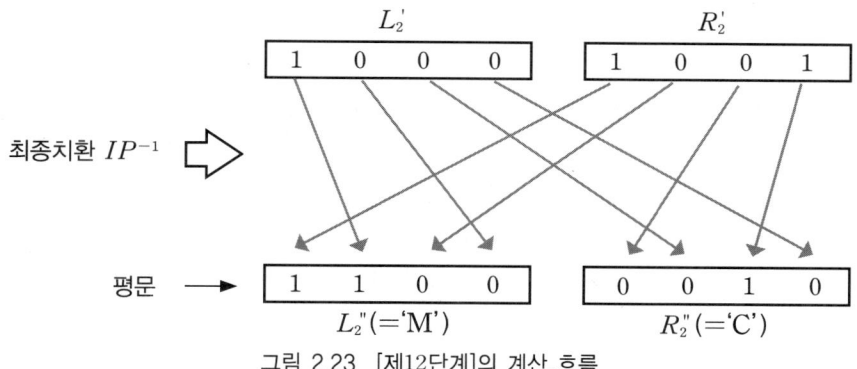

그림 2.23 [제12단계]의 계산 흐름

이렇게 얻어진 8비트의 출력 데이터가 평문에 해당하며, 식 (43)과 식 (44)의 2진수 코드는 각각 표 2.7로부터 'M', 'C'라는 문자가 됨으로써 DES암호문을 복호할 수 있게 된다.

이상과 같이 DES암호에서의 암호화 처리와 복호 처리를 대비시켜 보면, 암호화 처리의 흐름을 완전히 거꾸로 함으로써 복호 처리를 실행하고 있음을 확인할 수 있다(그림 2.24).

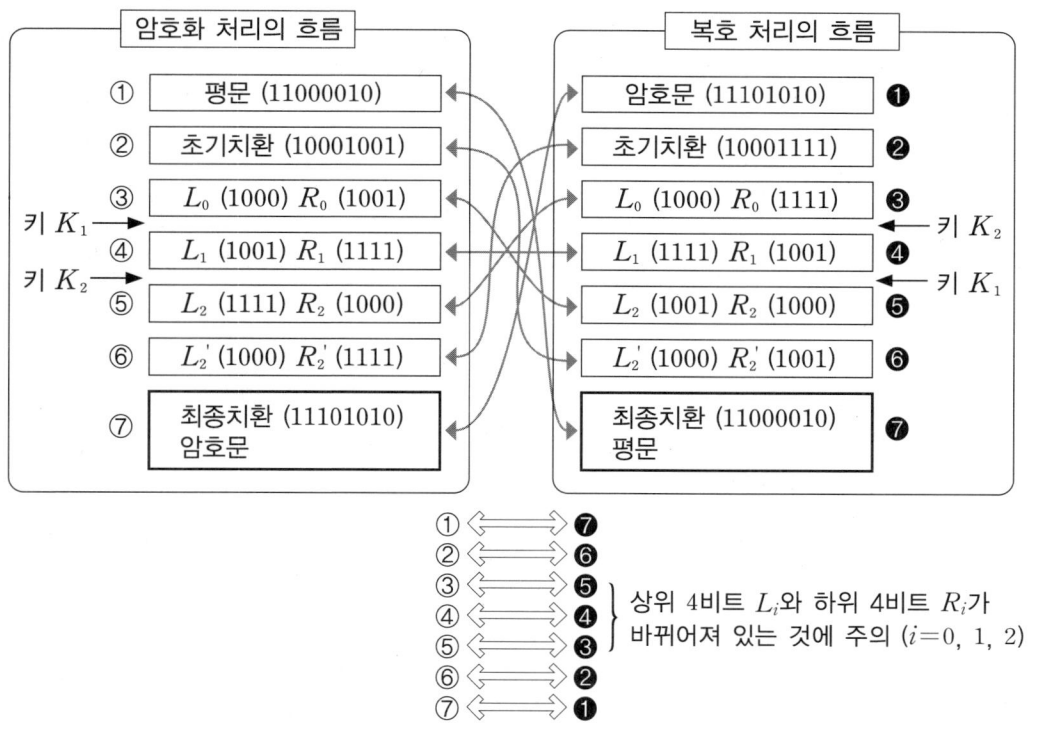

그림 2.24 암호화 처리와 복호 처리의 대응 관계

제 2 장 공통키암호화 기술

❈ DES암호화키의 생성

DES암호의 공통키에 대해 암호화키 및 복호키의 생성 순서는 다음과 같다. 8비트의 공통키(초기키) K_0을

$$K_0 = (10011001) \quad\cdots\cdots\cdots\cdots\cdots\cdots\cdots\cdots\cdots\cdots\cdots\cdots\cdots\cdots\cdots (45)$$

로서, 그림 2.12의 1회전의 키 K_1과 2회전의 키 K_2를 암호화키로 생성하는 순서이다(그림 2.25).

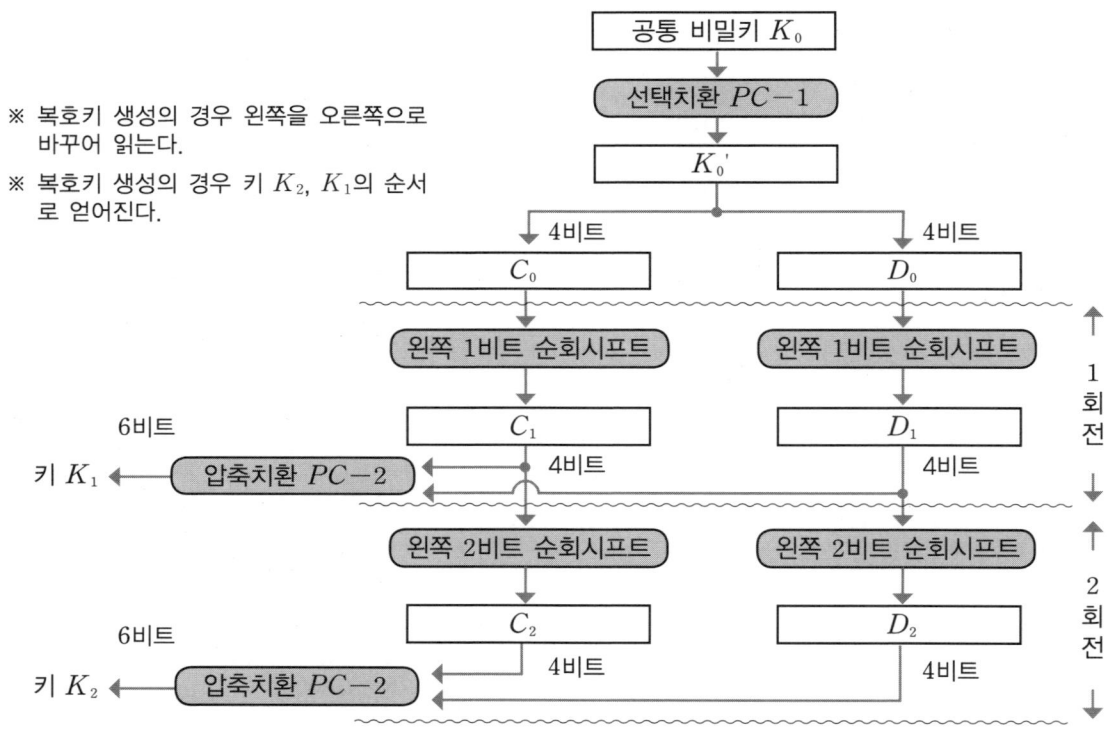

※ 복호키 생성의 경우 왼쪽을 오른쪽으로 바꾸어 읽는다.
※ 복호키 생성의 경우 키 K_2, K_1의 순서로 얻어진다.

그림 2.25 암호화키와 복호키의 생성 순서

제1단계

식 (45)의 공통키(비밀키) K_0을 표 2.14의 선택치환 $PC-1$을 바탕으로 랜덤화하면,

$$K_0' = (00110101) \quad\cdots\cdots\cdots\cdots\cdots\cdots\cdots\cdots\cdots\cdots\cdots\cdots\cdots\cdots (46)$$

이 얻어진다(그림 2.26).

여기서 식 (46)의 키 K_0'를 상위 4비트 C_0과 하위 4비트 D_0으로 나누어,

$$C_0 = (0011) \quad \cdots\cdots\cdots\cdots\cdots\cdots\cdots\cdots\cdots\cdots\cdots\cdots\cdots\cdots\cdots\cdots\cdots\cdots\cdots\cdots\cdots (47)$$
$$D_0 = (0101) \quad \cdots\cdots\cdots\cdots\cdots\cdots\cdots\cdots\cdots\cdots\cdots\cdots\cdots\cdots\cdots\cdots\cdots\cdots\cdots\cdots\cdots (48)$$

로 나타낸다.

표 2.14 선택치환 $PC-1$

	상위 4비트 C_i				하위 4비트 D_i			
입력 비트 위치 j	1	2	3	4	5	6	7	8
출력 비트 위치 k	8	7	1	3	6	2	5	4

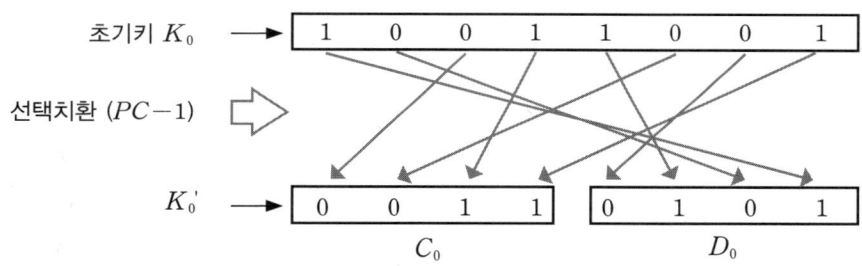

그림 2.26 선택치환 $PC-1$

제2단계

표 2.15의 왼쪽순회시프트 비트 수로부터 1회전에서 왼쪽순회시프트 비트 수는 1비트이므로 C_0과 D_0의 각 비트를 1비트 왼쪽으로 순회시프트하고 그 결과를 C_1과 D_1로 나타낸다(그림 2.27).

$$C_1 = (0110) \quad \cdots\cdots\cdots\cdots\cdots\cdots\cdots\cdots\cdots\cdots\cdots\cdots\cdots\cdots\cdots\cdots\cdots\cdots\cdots\cdots\cdots (49)$$
$$D_1 = (1010) \quad \cdots\cdots\cdots\cdots\cdots\cdots\cdots\cdots\cdots\cdots\cdots\cdots\cdots\cdots\cdots\cdots\cdots\cdots\cdots\cdots\cdots (50)$$

표 2.15 왼쪽순회시프트의 비트 수

단수	1	2
시프트 비트 수	1	2

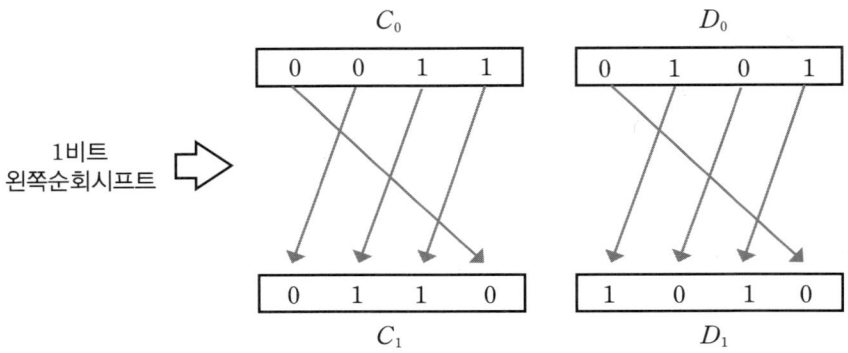

그림 2.27 왼쪽순회시프트에 의한 처리 [제2단계]

제3단계

표 2.16의 압축치환 $PC-2$를 바탕으로 C_1과 D_1 전체(식 (49), 식 (50))를 8비트 내지 6비트로 압축변환해 1회전 암호화에 사용할 키 K_1이 얻어진다(그림 2.28).

$$K_1 = (110001) \quad \cdots\cdots\cdots\cdots\cdots\cdots\cdots\cdots\cdots\cdots\cdots\cdots\cdots\cdots\cdots\cdots\cdots\cdots\cdots\cdots\cdots\cdots\cdots\cdots\cdots\cdots \quad (51)$$

표 2.16 압축치환 $PC-2$

출력 비트 위치 k	1	2	3	4	5	6
입력 비트 위치 j	7	5	1	8	6	2

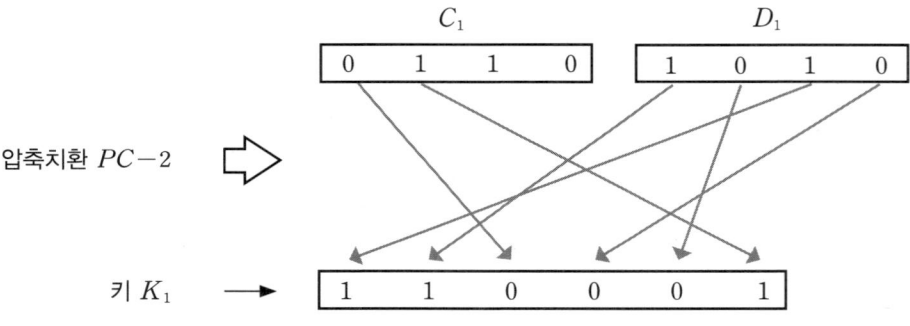

그림 2.28 압축치환 $PC-2$에 의한 처리 [제3단계]

아래에서도 똑같이 제2단계 부터 제3단계 까지를 반복 계산함으로써 차례로 암호화에 사용할 키를 얻을 수 있다.

제4단계

표 2.15의 왼쪽순회시프트 비트 수로부터 2회전에서 왼쪽순회시프트의 비트 수는 2비트이므로, C_1과 D_1의 각 비트를 2비트 왼쪽순회시프트하고 그 결과를 C_2와 D_2로 나타낸다(그림 2.29).

$$C_2 = (1001) \quad \cdots\cdots\cdots\cdots\cdots\cdots\cdots\cdots\cdots\cdots\cdots\cdots\cdots\cdots\cdots\cdots\cdots\cdots\cdots\cdots (52)$$
$$D_2 = (1010) \quad \cdots\cdots\cdots\cdots\cdots\cdots\cdots\cdots\cdots\cdots\cdots\cdots\cdots\cdots\cdots\cdots\cdots\cdots\cdots\cdots (53)$$

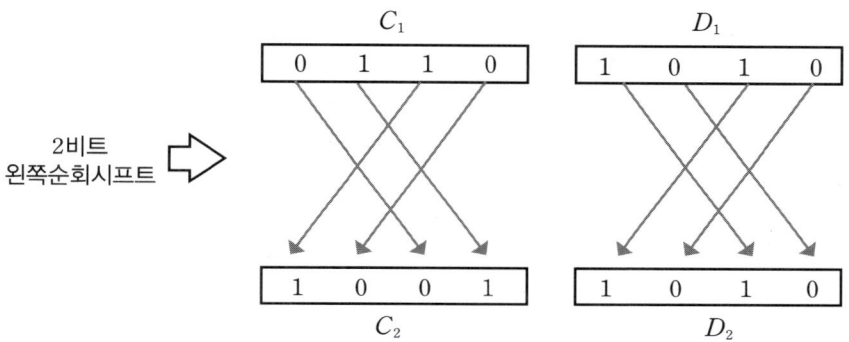

그림 2.29 왼쪽순회시프트에 의한 처리 [제4단계]

제5단계

표 2.16의 압축치환 $PC-2$를 바탕으로 C_2와 D_2 전체(식 (52), 식 (53))를 8비트 내지 6비트로 압축변환해 2회전 암호화에 사용할 키 K_2를 얻는다(그림 2.30).

$$K_2 = (111000) \quad \cdots\cdots\cdots\cdots\cdots\cdots\cdots\cdots\cdots\cdots\cdots\cdots\cdots\cdots\cdots\cdots\cdots\cdots (54)$$

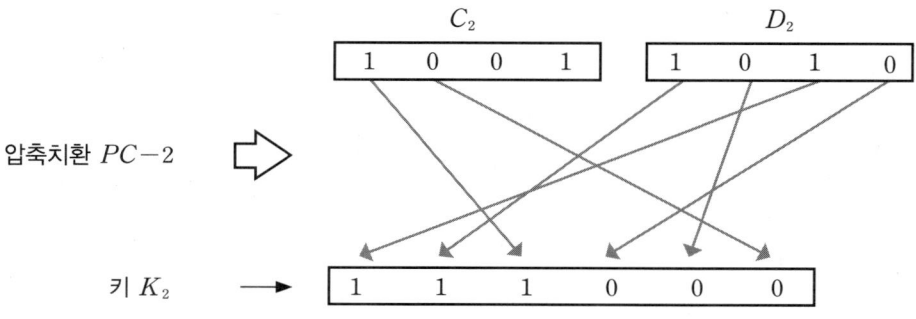

그림 2.30 압축치환 $PC-2$에 의한 처리 [제5단계]

❈ DES복호키의 생성

암호화키는 식 (45)의 공통키(초기키) K_0=(10011001)을 바탕으로 해 K_1, K_2의 순서로 생성된다. 거꾸로 암호문을 평문으로 되돌리는 복호키는 공통키 K_0을 바탕으로 K_2, K_1의 순서로 생성되어야 할 필요가 있다. 이때 그림 2.25와 똑같은 처리 순서로 생성하게 되면 암호화키의 생성에서는 왼쪽으로 순회시프트한 처리를, 복호키의 생성에서는 오른쪽으로 순회시프트한 처리로 치환함으로써 실현할 수 있다. 아래 그림 2.12를 바탕으로 복호키를 얻는 순서를 정리한다.

제1단계

식 (45)의 공통키(비밀키) K_0을 표 2.14의 선택치환 $PC-1$을 바탕으로 랜덤화한다.

$$K_0'=(00110101) \quad \cdots\cdots\cdots\cdots\cdots\cdots\cdots\cdots\cdots\cdots\cdots (55)$$
$$C_0=(0011) \quad \cdots\cdots\cdots\cdots\cdots\cdots\cdots\cdots\cdots\cdots\cdots\cdots\cdots (56)$$
$$D_0=(0101) \quad \cdots\cdots\cdots\cdots\cdots\cdots\cdots\cdots\cdots\cdots\cdots\cdots\cdots (57)$$

제2단계

표 2.17의 오른쪽순회시프트 비트 수로부터 1회전에서 비트 수는 1비트이므로, C_0과 D_0의 각 비트를 1비트 오른쪽으로 순회시프트하고 그 결과를 C_1과 D_1로 나타낸다(그림 2.31).

$$C_1=(1001) \quad \cdots\cdots\cdots\cdots\cdots\cdots\cdots\cdots\cdots\cdots\cdots\cdots\cdots (58)$$
$$D_1=(1010) \quad \cdots\cdots\cdots\cdots\cdots\cdots\cdots\cdots\cdots\cdots\cdots\cdots\cdots (59)$$

표 2.17 오른쪽순회시프트의 비트 수

단수	1	2
시프트 비트 수	1	2

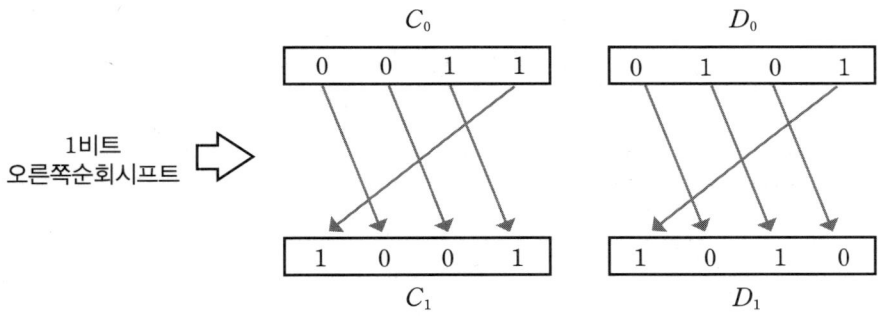

그림 2.31 오른쪽순회시프트에 의한 처리 [제2단계]

제3단계

표 2.16의 압축치환 $PC-2$를 바탕으로 C_1과 D_1 전체(식 (58), 식 (59))를 8비트 내지 6비트로 압축변환해 1회전 복호에 사용할 키 K_2를 얻는다(그림 2.32).

$$K_2 = (111000) \quad \cdots\cdots\cdots\cdots\cdots\cdots\cdots\cdots\cdots\cdots\cdots\cdots\cdots \quad (60)$$

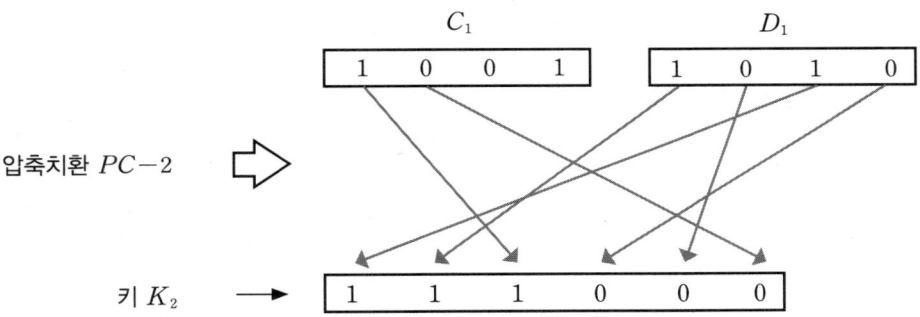

그림 2.32 압축치환 $PC-2$에 의한 처리 [제3단계]

제4단계

표 2.17의 오른쪽순회시프트 비트 수로부터 2회전에서 비트 수는 2비트이므로, C_1과 D_1의 각 비트를 2비트 오른쪽으로 순회시프트하고 그 결과를 C_2와 D_2로 나타낸다(그림 2.33).

$$C_2 = (0110) \quad \cdots\cdots\cdots\cdots\cdots\cdots\cdots\cdots\cdots\cdots\cdots\cdots\cdots \quad (61)$$
$$D_2 = (1010) \quad \cdots\cdots\cdots\cdots\cdots\cdots\cdots\cdots\cdots\cdots\cdots\cdots\cdots \quad (62)$$

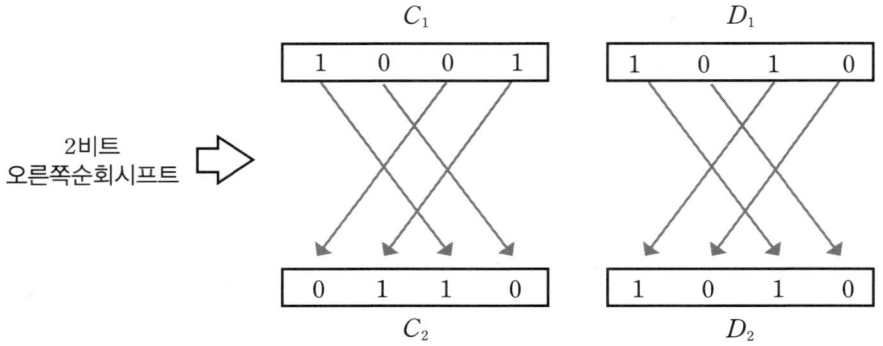

그림 2.33 오른쪽순회시프트에 의한 처리 [제4단계]

제5단계

표 2.16의 압축치환 $PC-2$를 바탕으로 C_2와 D_2 전체(식 (61), 식 (62))를 8비트 내지 6비트로 압축변환해 2회전 복호에 사용할 키 K_1을 얻는다(그림 2.34).

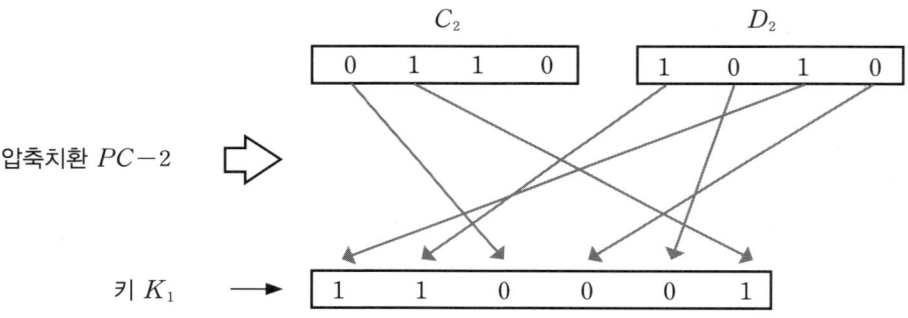

그림 2.34 압축치환 $PC-2$에 의한 처리 [제5단계]

이상의 결과로부터 복호에 사용할 키(식 (60), 식 (63))와 암호화에 사용할 키(식 (51), 식 (54))를 대비하면, 암호화에 사용할 키가 얻어지는 순서(K_1, K_2의 순서)와는 역순(K_2, K_1의 순서)으로 복호에 사용할 키가 얻어짐을 알 수 있다.

제 3 장
공개키암호화 기술

1. 공개키암호의 기본

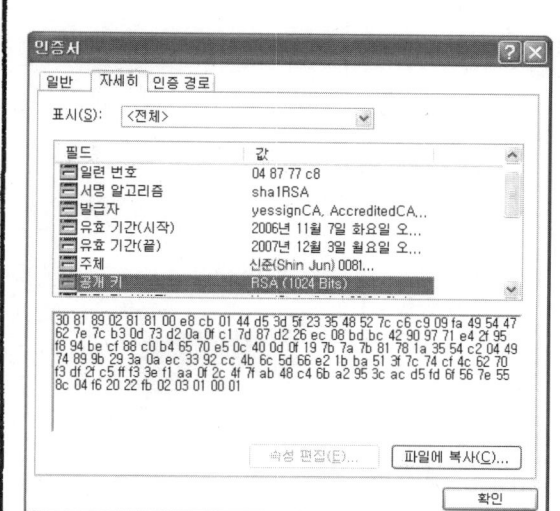

공개키는 암호에 의한 통신을 하고 있는 상태일 때 표시된다. 브라우저가 Explorer일 경우, 메뉴를 파일 → 속성 → 인증서 → 자세히 등의 순서로 선택해 나간다.
Safari나 Firefox 블라우저의 경우는 맹꽁이자물쇠 모양의 표시를 클릭해 상세한 정보를 얻는다.

아
16진수가 아주 많이 나열돼 있구나.

이게 공개키야?

그래
이래서 안전하게 통신할 수 있어.

아
그럼
안심이군!!

아무에게나 자기 카드를 사용하게 하면서……

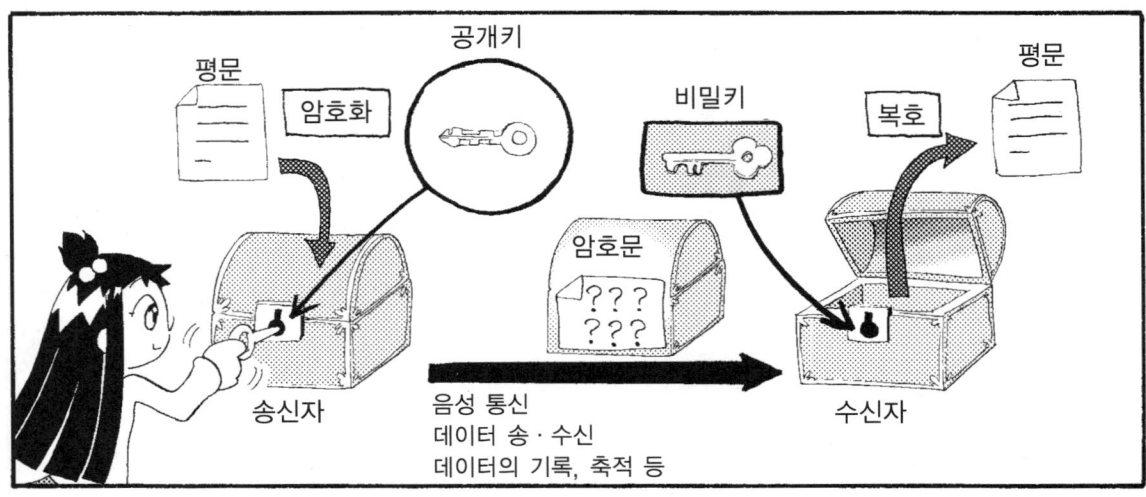

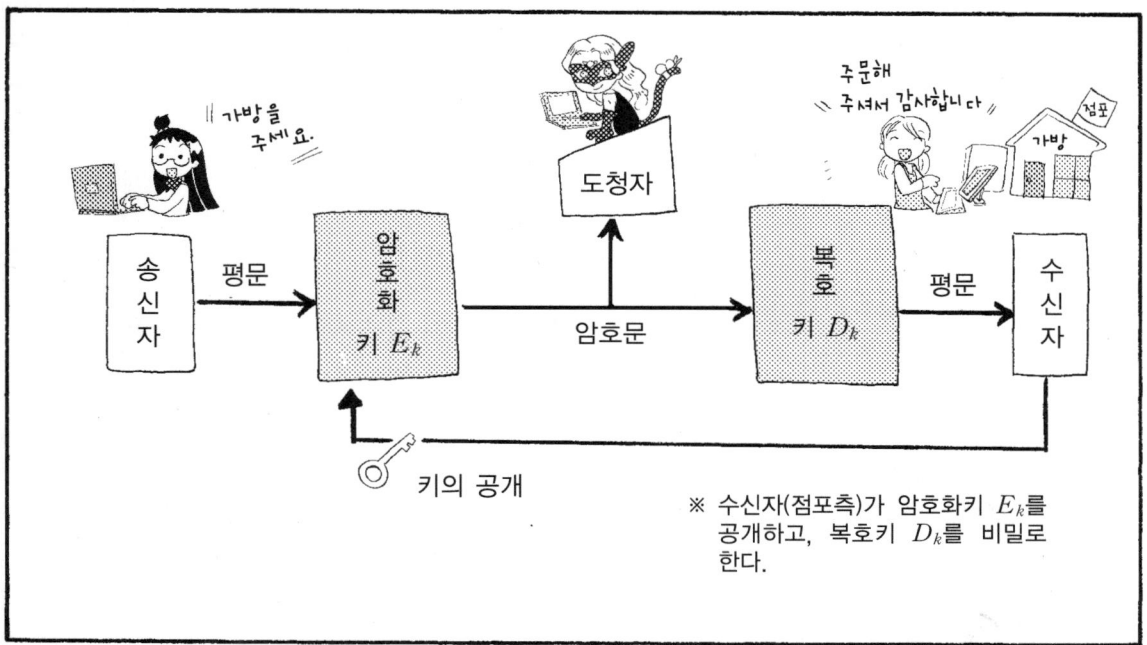

제3장 공개키암호화 기술

공개키암호방식에서는 이용자 n명이 서로 암호통신을 한다고 하더라도 키의 총수는 $2n$개 있으면 충분하다.
이용자가 1000명일 경우 공통키암호방식에서는

$$_{1000}C_2 = \frac{1000 \times (1000-1)}{2}$$

로서 키가 499500개 필요하지만, 공개키암호방식에서는 2×1000으로, 키는 2000개밖에 필요없다.

❋ 자주 쓰이는 공개키암호방식의 종류

공개키암호방식은 암호를 만드는 방법의 종류에 따라 크게 둘로 나뉜다.

> "암호 만드는 방법은
> 소인수분해문제"
>
> RSA암호,
> 라빈(Rabin)암호 등

> "암호 만드는 방법은
> 이산로그문제"
>
> 엘가말(ElGamal)암호,
> 타원곡선암호,
> DSA인증 등

암호 만드는
방법이라니?!
소인수분해문제?
이산로그문제?

뭐야 이건?!

암호수학에 대해
기본부터 철저히
공부하도록 해!

암호는 '수학적으로 풀기
어려운 문제'를 이용해
안전성을 높이고 있는 거야.
하지만 답을 구하는 데
시간이 걸리는 것은 귀찮아요.

이처럼 어려운 수학을
배우지 않을 수 없을까?

싫어
싫다니까

공개키암호방식의
구조를 이해하기
위해서는 수학 지식이
필요해요!

우선 공개키암호의
안전성을 보증하기 위한

'일방향함수'에
대해 설명할게요.

제3장 공개키암호화 기술 125

✤ 일방향함수

한쪽 방향으로는 계산이 가능해 답이 나오더라도 반대 방향으로 계산하는 것이 매우 곤란한 성질을 일방향이라 하며, 그런 성질을 가진 함수를 **일방향함수**라고 한다.

여기서 일방향함수의 예를 살펴보자.

(1) 소인수분해문제

커다란 두 소수를 곱하여 그 결과를 얻는 것은 간단하다. 그렇지만 반대로 곱해진 수(합성수)로부터 원래의 두 소수를 구하기는 매우 어렵다.

합성수로부터 원래의 소수를 구하는 것을 소인수분해문제라고 한다(130쪽 참조).

(2) 이산로그문제

다음과 같은 합동식을 생각해 보자.

$$a^x = y(\bmod p)$$

a와 x가 알려져 있는 경우 y를 구하기는 비교적 쉽다. 그렇지만 a와 y가 알려져 있더라도 y의 로그인 x를 구하기는 매우 곤란하다. 이것이 **이산로그문제**이다. 이산이란 연속의 반대말이며, 건너뛰는 값임을 나타낸다(183쪽 참조).

자동 잠금 장치가 된 문을 통해 밖으로 나온 경우 열쇠를 가지고 있지 않으면 다시 돌아갈 수 없게 된다. 이런 구조의 함수가 트랩도어일방향함수이다.

열쇠가 없어도 방에서 나올 수 있다.

열쇠가 없으면 방으로 들어갈 수 없다.

열쇠가 있으면 방으로 들어갈 수 있다.

그럼 다음에는 공개키암호인 RSA암호의 탄생과

그 가운데서 수학이 어떻게 사용되고 있는지 살펴보기로 해요!

✣ RSA암호의 탄생

RSA암호는 1977년 공표된 세계 최초의 공개키암호이다.

RSA라는 이름은 이를 개발한 미국의 세 연구자 리베스트(Rivest), 샤미르(Shamir), 에이들먼(Adleman)의 머리글자로부터 유래한다.

암호의 강도를 보증하는 것은 소인수분해문제이다. 과학 전문지 『사이언스』에 이들 3인이 만든 문제가 게재되었는데, 그것은 어떤 수를 소인수분해하여 메시지를 해독하라는 것이었다.

그 수는 다음의 129자리 자연수이다.

> 11438162575788886766923577997614661201021829672124236256256184293570693524573389783059712356395870505898907514759929002687954354 1

이 소인수분해는 17년 후인 1994년에 약 1600대의 컴퓨터를 사용해 계산함으로써 메시지가 복호되었다. 일반적으로 17년이라는 매우 오랜 세월이 걸렸다고 생각되겠지만, RSA 개발자의 한 사람이었던 리베스트는 1000년은 걸릴 것이라고 예상했던 만큼 출제자들에게는 짧게 여겨졌던 것 같다. 참고로 해독된 메시지는 'THE MAGIC WORDS ARE SQUEAMISH OSSIFRAGE'이다.

현재 RSA암호에 사용되는 숫자는 10진수로 300자리 이상이다. 이것을 소인수분해하려면 천문학적인 시간이 걸리게 된다.

간단해!

표 3.1 사람 수와 개수의 관계

사람 수	1사람당 개수
1명	30개
2명	15개
3명	10개
5명	6개
6명	5개
10명	3개
15명	2개
30명	1개

그래요! 이렇게 나머지 없이 나누어지는 사람 수와 개수에 해당하는 수를 '약수' 또는 '인수' 라고 해요.

30의 약수(인수)는 {1, 2, 3, 5, 6, 10, 15, 30}의 8개이다.

그리고 자연수에서 1과 그 수 자신밖에 약수가 없는 것이 '소수' 야!

1은 소수가 아냐?

수학상 약속으로 1은 소수에 넣지 않기로 돼 있어.

20까지의 소수를 살펴보기로 해.

표 3.2 20까지의 소수 판정

2	자기 자신(2)과 1로만 나누어진다.	소수이다.
3	자기 자신(3)과 1로만 나누어진다.	소수이다.
4	2로 나누어진다.	소수가 아니다.
5	자기 자신(5)과 1로만 나누어진다.	소수이다.
6	2, 3으로 나누어진다.	소수가 아니다.
7	자기 자신(7)과 1로만 나누어진다.	소수이다.
8	2, 4로 나누어진다.	소수가 아니다.
9	3으로 나누어진다.	소수가 아니다.
10	2, 5로 나누어진다.	소수가 아니다.
11	자기 자신(11)과 1로만 나누어진다.	소수이다.
12	2, 3, 4, 6으로 나누어진다.	소수가 아니다.
13	자기 자신(13)과 1로만 나누어진다.	소수이다.
14	2, 7로 나누어진다.	소수가 아니다.
15	3, 5로 나누어진다.	소수가 아니다.
16	2, 4, 8로 나누어진다.	소수가 아니다.
17	자기 자신(17)과 1로만 나누어진다.	소수이다.
18	2, 3, 6, 9로 나누어진다.	소수가 아니다.
19	자기 자신(19)과 1로만 나누어진다.	소수이다.
20	2, 4, 5, 10으로 나누어진다.	소수가 아니다.

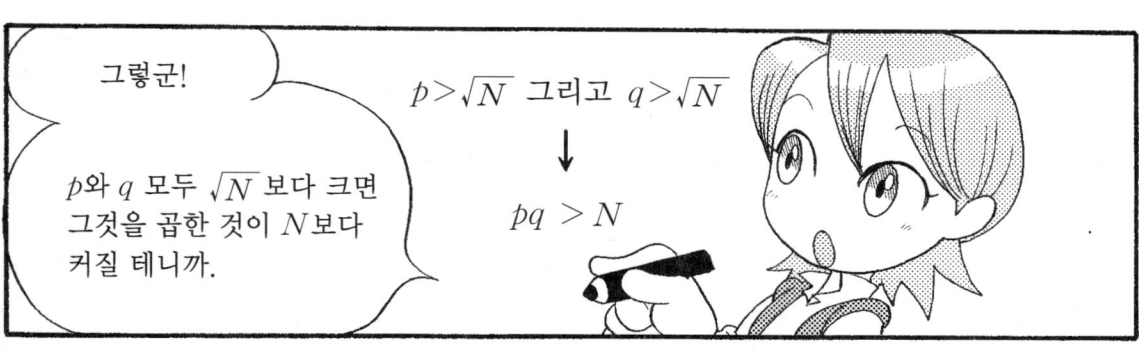

1	2	3	4	5	6	7	8	9	10	11	12	13	14	15	16	17	18	19	20
21	22	23	24	25	26	27	28	29	30	31	32	33	34	35	36	37	38	39	40
41	42	43	44	45	46	47	48	49	50	51	52	53	54	55	56	57	58	59	60
61	62	63	64	65	66	67	68	69	70	71	72	73	74	75	76	77	78	79	80
81	82	83	84	85	86	87	88	89	90	91	92	93	94	95	96	97	98	99	100
101	102	103	104	105	106	107	108	109	110	111	112	113	114	115	116	117	118	119	120
121	122	123	124	125	126	127	128	129	130	131	132	133	134	135	136	137	138	139	140
141	142	143	144	145	146	147	148	149	150	151	152	153	154	155	156	157	158	159	160
161	162	163	164	165	166	167	168	169	170	171	172	173	174	175	176	177	178	179	180
181	182	183	184	185	186	187	188	189	190	191	192	193	194	195	196	197	198	199	200
201	202	203	204	205	206	207	208	209	210	211	212	213	214	215	216	217	218	219	220
221	222	223	224	225	226	227	228	229	230	231	232	233	234	235	236	237	238	239	240
241	242	243	244	245	246	247	248	249	250	251	252	253	254	255	256	257	258	259	260
261	262	263	264	265	266	267	268	269	270	271	272	273	274	275	276	277	278	279	280
281	282	283	284	285	286	287	288	289	290	291	292	293	294	295	296	297	298	299	300
301	302	303	304	305	306	307	308	309	310	311	312	313	314	315	316	317	318	319	320
321	322	323	324	325	326	327	328	329	330	331	332	333	334	335	336	337	338	339	340
341	342	343	344	345	346	347	348	349	350	351	352	353	354	355	356	357	358	359	360
361	362	363	364	365	366	367	368	369	370	371	372	373	374	375	376	377	378	379	380
381	382	383	384	385	386	387	388	389	390	391	392	393	394	395	396	397	398	399	400

	2	3	4	5	6	7	8	9	10	11	12	13	14	15	16	17	18	19	20
21	22	23	24	25	26	27	28	29	30	31	32	33	34	35	36	37	38	39	40
41	42	43	44	45	46	47	48	49	50	51	52	53	54	55	56	57	58	59	60
61	62	63	64	65	66	67	68	69	70	71	72	73	74	75	76	77	78	79	80
81	82	83	84	85	86	87	88	89	90	91	92	93	94	95	96	97	98	99	100
101	102	103	104	105	106	107	108	109	110	111	112	113	114	115	116	117	118	119	120
121	122	123	124	125	126	127	128	129	130	131	132	133	134	135	136	137	138	139	140
141	142	143	144	145	146	147	148	149	150	151	152	153	154	155	156	157	158	159	160
161	162	163	164	165	166	167	168	169	170	171	172	173	174	175	176	177	178	179	180
181	182	183	184	185	186	187	188	189	190	191	192	193	194	195	196	197	198	199	200
201	202	203	204	205	206	207	208	209	210	211	212	213	214	215	216	217	218	219	220
221	222	223	224	225	226	227	228	229	230	231	232	233	234	235	236	237	238	239	240
241	242	243	244	245	246	247	248	249	250	251	252	253	254	255	256	257	258	259	260
261	262	263	264	265	266	267	268	269	270	271	272	273	274	275	276	277	278	279	280
281	282	283	284	285	286	287	288	289	290	291	292	293	294	295	296	297	298	299	300
301	302	303	304	305	306	307	308	309	310	311	312	313	314	315	316	317	318	319	320
321	322	323	324	325	326	327	328	329	330	331	332	333	334	335	336	337	338	339	340
341	342	343	344	345	346	347	348	349	350	351	352	353	354	355	356	357	358	359	360
361	362	363	364	365	366	367	368	369	370	371	372	373	374	375	376	377	378	379	380
381	382	383	384	385	386	387	388	389	390	391	392	393	394	395	396	397	398	399	400

	2	3		5		7		9		11		13		15		17		19	
21		23		25		27		29		31		33		35		37		39	
41		43		45		47		49		51		53		55		57		59	
61		63		65		67		69		71		73		75		77		79	
81		83		85		87		89		91		93		95		97		99	
101		103		105		107		109		111		113		115		117		119	
121		123		125		127		129		131		133		135		137		139	
141		143		145		147		149		151		153		155		157		159	
161		163		165		167		169		171		173		175		177		179	
181		183		185		187		189		191		193		195		197		199	
201		203		205		207		209		211		213		215		217		219	
221		223		225		227		229		231		233		235		237		239	
241		243		245		247		249		251		253		255		257		259	
261		263		265		267		269		271		273		275		277		279	
281		283		285		287		289		291		293		295		297		299	
301		303		305		307		309		311		313		315		317		319	
321		323		325		327		329		331		333		335		337		339	
341		343		345		347		349		351		353		355		357		359	
361		363		365		367		369		371		373		375		377		379	
381		383		385		387		389		391		393		395		397		399	

제 3 장 공개키암호화 기술

	2	3		5		7				11	13			17	19
		23						29		31				37	
41		43				47					53				59
61						67				71	73				79
		83						89						97	
101		103				107		109			113				
						127				131				137	139
								149		151				157	
		163				167					173				179
181										191	193			197	199
										211					
		223				227		229			233				239
241										251				257	
		263						269		271				277	
281		283									293				
						307				311	313			317	
										331				337	
						347		349			353				359
						367					373				379
		383						389						397	

🍀 소수 판정

에라토스테네스의 체는 확실하게 소수를 찾아내는 방법이다. 그렇지만 큰 수가 소수인지 아닌지 판정할 경우에는 처리 시간이 오래 걸린다.

그래서 100% 확실하지는 않지만 확률적으로 거의 소수임을 판정하는 방법이 사용된다.

페르마의 방법에서는 어느 정수 a와, 소수인지 아닌지를 판정하는 수 n에 대하여 $a^{n-1} = 1 \pmod{n}$이면 n이 소수임을 확률적으로 판정할 수 있다(164쪽 참조). 그러나 소수가 아닌 수(합성수)를 소수로 판정할 위험이 있다.

그래서 페르마의 방법의 결점을 개선한 것이 밀러-라빈의 방법이다. 1회의 테스트로 잘못된 판정이 발생할 확률은 페르마의 방법의 4분의 1 이하로 확실하게 소수를 판정할 수 있다.

제3장 공개키암호화 기술

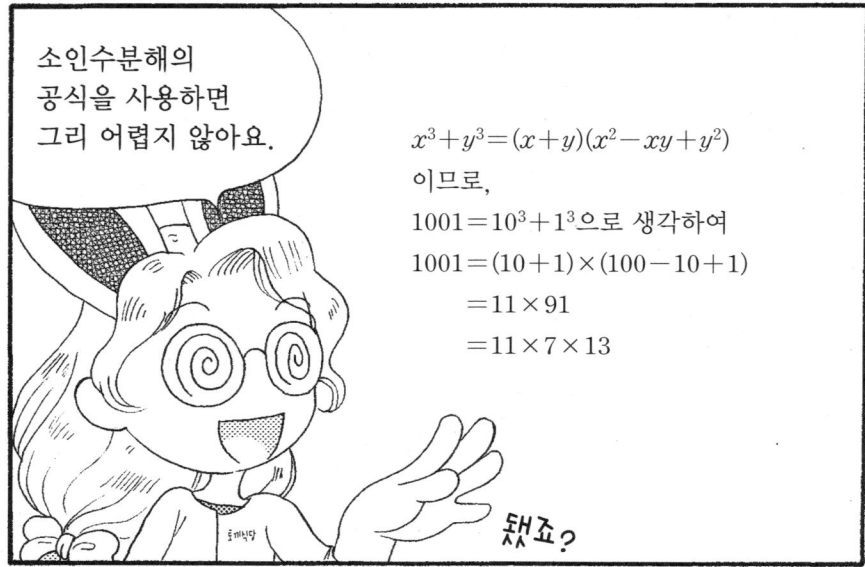

10001의 약수 후보 $\sqrt{10001}$ 이하의 소수
{2, 3, 5, 7, 11, 13, 17, 19, 23, 29, 31, 37, 41, 43, 47, 53, 59, 61, 67, 71, 73, 79, 83, 89, 97} 중에 약수의 후보를 하나하나 찾아나간다.
찾아나가는 가운데 10001=73×137인 것을 알 수 있다.

🔑 3. 모듈로연산

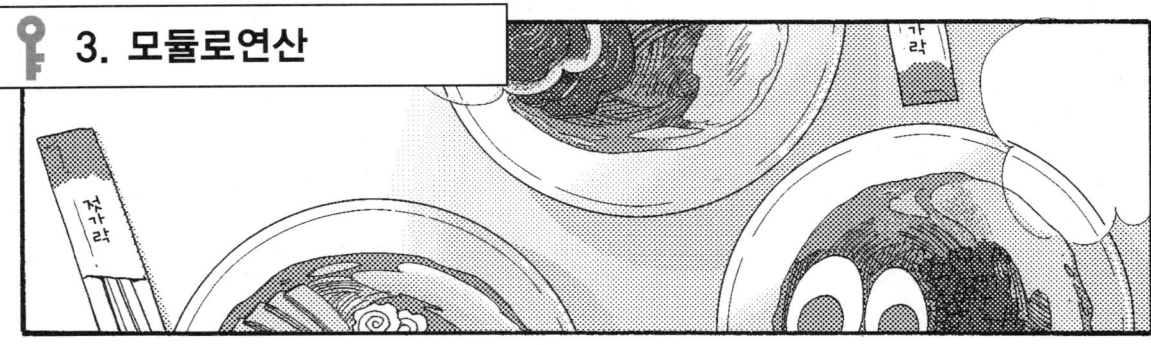

이번에는 정수를 나눌 때의 나머지에 대해 생각해 보기로 해요.

모듈로연산에 익숙해져 있지 않으면 RSA암호는 이해할 수 없어요.

이런 계산하는 거 말이야?

초등학교에서 배우는 나머지 나오는 나눗셈의 보기

15÷7=2 나머지 1

그 식을 합동식으로 나타내면 이렇게 돼.

$$15 = 1 \,(\text{mod}\ 7)$$

15를 7로 나눌 때의 나머지를 나타낸 거네.

mod가 뭐야?

$a = b \pmod{N}$

이것이 일반적인 합동식의 모양이며 모듈로연산이라고 한다.
두 정수 a와 b의 차가 N으로 나누어 떨어질 때 a와 b는 합동이라 읽는다.
등호 '='대신에 합동을 나타내는 부호 '≡'를 사용하는 경우도 있다.

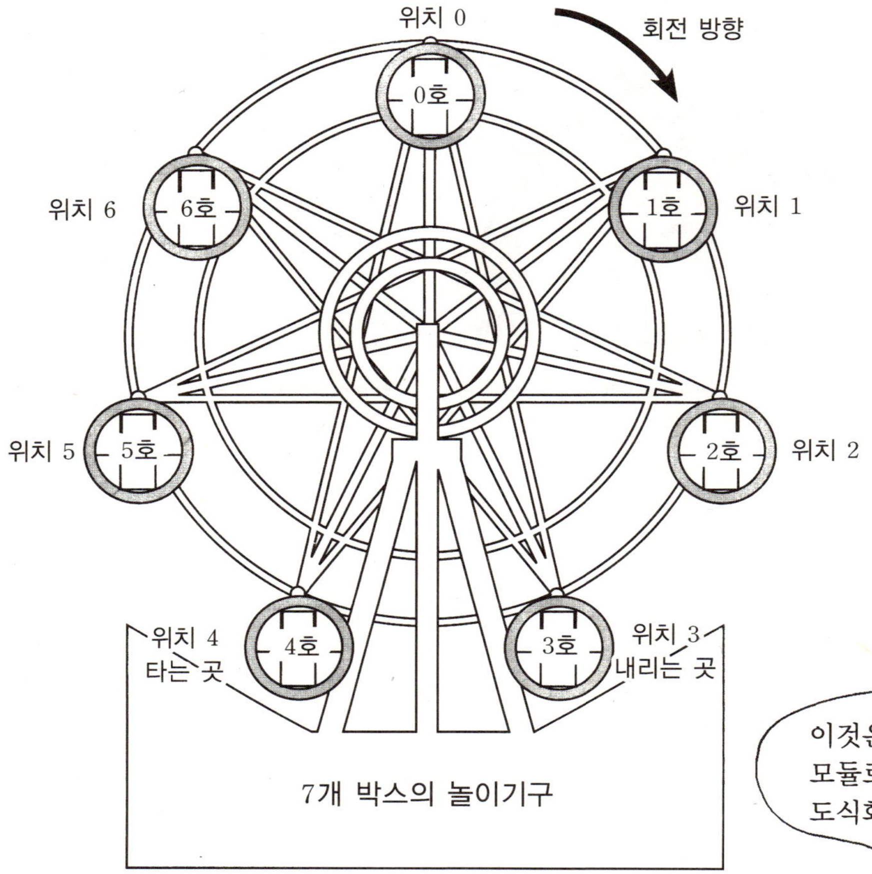

그림 3.1 모듈로 7의 놀이기구

"이것은 7로 모듈로연산하는 것을 도식화한 거예요."

"7로 나눈 나머지가 문제니까 0부터 6까지의 숫자밖에 나오지 않네."

"그것이 장점의 하나야!

잉여(나머지)는 반드시 제수 N (모듈로 N, mod N)보다 작기 때문에 출력되는 값을 어느 일정한 범위 안으로 제한할 수 있거든."

모듈로연산의 덧셈과 뺄셈

모듈로연산의 모델로 그림 3.1의 놀이기구를 사용해 보자. 7개 박스에는 각각 0호~6호의 이름이 붙어 있다. 그리고 박스의 위치는 맨 위에 있는 것을 0으로 하고 시계방향으로 1~6의 위치 번호가 붙어 있는데, 위치 3이 내리는 곳, 위치 4가 타는 곳으로 연결되어 있다.

초기 상태는 0호 박스가 위치 0, 1호가 위치 1 등 모든 박스 번호와 위치 번호가 일치한다. 그리고 덧셈일 때 박스는 시계방향으로 나아가도록 설계되어 있다.

우선 0호 박스에 주목하자.

1/7바퀴 움직이면 0호 박스는 위치 0에서 위치 1로 움직인다. 이것을 +1(1을 더한다)로 정의한다.

2/7바퀴 움직이면 0호 박스는 위치 0에서 위치 2로 움직인다. 이것이 +2(2를 더한다)이다.

7/7바퀴, 즉 1바퀴 움직였을 때 0호 박스는 위치 0에서 다시 위치 0으로 돌아간다. 이것이 +7이다. +7은 0, 즉 움직임이 없는 것과 같다.

이 놀이기구를 모델로 사용하면 덧셈표의 모든 것을 설명할 수 있다.

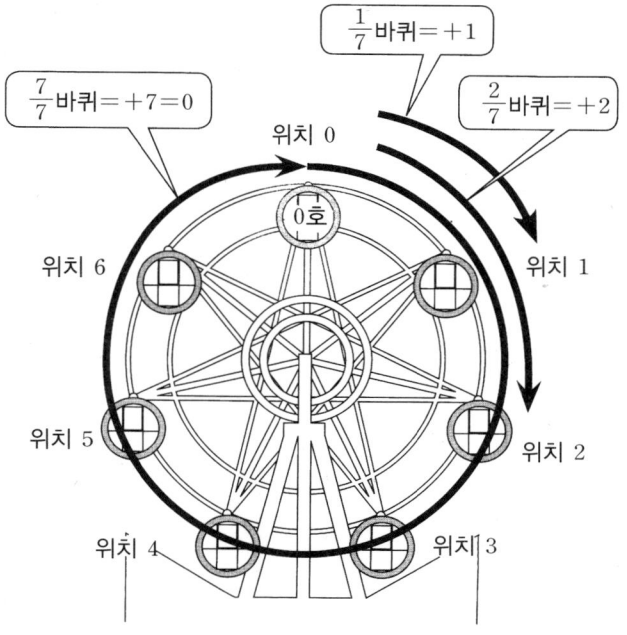

그림 3.2 모듈로연산의 덧셈 모델 (1)

예를 들어, 5+6을 생각해 보자.

5+6의 5는 초기 상태에 있는 5호 박스이다. 이 5호 박스가 6/7바퀴 돌면 어느 위치까지 갈까?
시계방향으로 6번 움직이면 그림 3.3에 나타낸 것처럼 위치 4로 가는 것을 알 수 있다.
즉, 다음 식과 같다.

$$5+6=4 (\mod 7)$$

초기 상태의 박스 번호(박스의 위치 번호)를 a, 회전 이동을 $b/7$바퀴라고 하면 이동 후의 위치가 덧셈의 답이 된다. 이런 방법으로 덧셈의 모든 조합이 표 3.3과 같이 되는 것을 확인할 수 있다.

이어 뺄셈의 경우도 놀이기구로 설명해 보자.

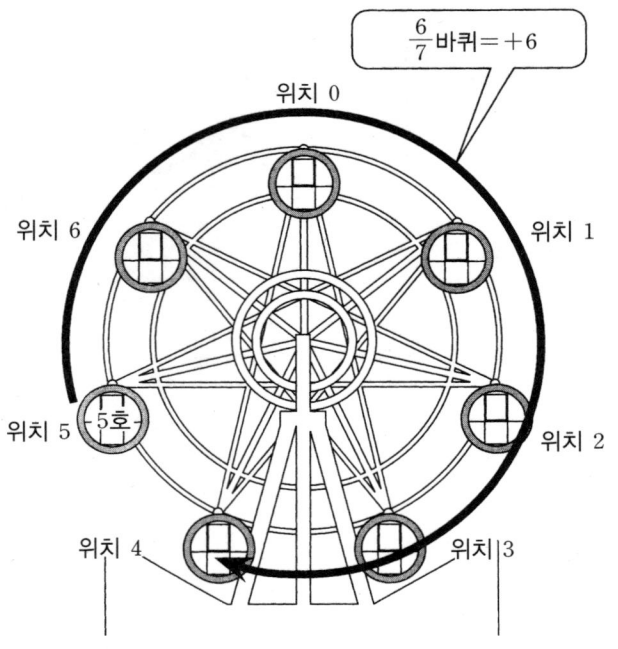

그림 3.3 모듈로연산의 덧셈 모델 (2)

표 3.3 모듈로 7의 $a+b$

a \ b	0	1	2	3	4	5	6
0	0	1	2	3	4	5	6
1	1	2	3	4	5	6	0
2	2	3	4	5	6	0	1
3	3	4	5	6	0	1	2
4	4	5	6	0	1	2	3
5	5	6	0	1	2	3	4
6	6	0	1	2	3	4	5

먼저 0호 박스에 주목하자.

반시계방향으로 1/7바퀴 움직이면 0호 박스는 위치 0에서 위치 6으로 움직인다. 이것을 -1(1을 빼다)로 정의한다.

반시계방향으로 2/7바퀴 움직이면 0호 박스는 위치 0에서 위치 5로 움직인다. 이것이 -2(2를 빼다)이다.

반시계방향으로 1바퀴 움직였을 때 0호 박스는 위치 0에서 위치 0으로 돌아온다. 이것이 -7이다. -7은 0, 즉 움직이지 않는 것과 같다.

이 놀이기구 모델을 사용하면 뺄셈의 모든 것을 설명할 수 있다.

예를 들어, $3-4$(3에서 4를 빼다)에 대해 생각해 보자.

$3-4$의 3은 초기 상태의 3호 박스이다. 이 3호 박스가 4/7바퀴 반시계방향으로 돌면 어느 위치에 올까?
반시계방향으로 4번 움직이면 위치 6으로 가는 것을 알 수 있다. 즉, 다음과 같다.

$$3-4=6 \pmod 7$$

초기 상태의 박스 번호(박스의 위치 번호)를 a, 반시계방향의 회전 이동을 $b/7$로 하여 회전 후의 위치가 뺄셈의 답이 된다. 이 방법으로 뺄셈도 오른쪽 표처럼 되는 것을 확인할 수 있다.

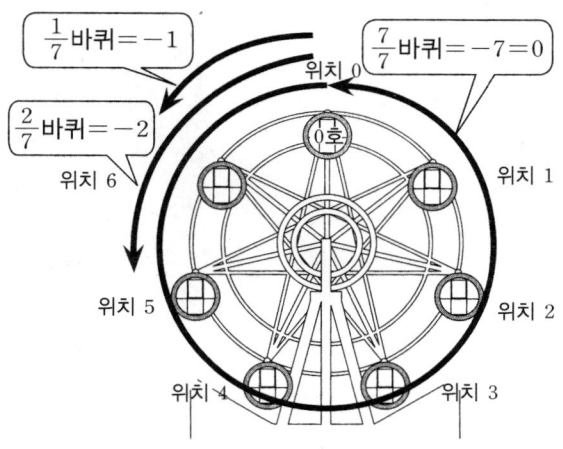

그림 3.4 모듈로연산의 뺄셈 모델 (1)

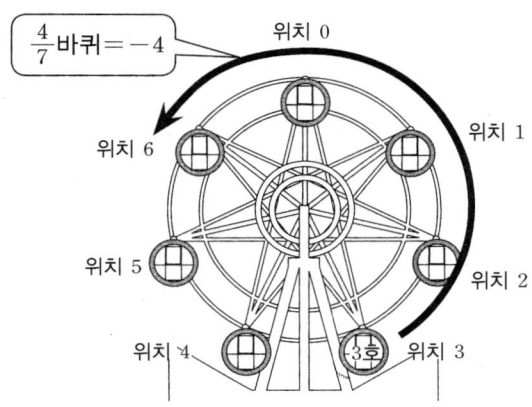

그림 3.5 모듈로연산의 뺄셈 모델 (2)

표 3.4 모듈로 7의 $a-b$

a \ b	0	1	2	3	4	5	6
0	0	6	5	4	3	2	1
1	1	0	6	5	4	3	2
2	2	1	0	6	5	4	3
3	3	2	1	0	6	5	4
4	4	3	2	1	0	6	5
5	5	4	3	2	1	0	6
6	6	5	4	3	2	1	0

표 3.5 모듈로 7의 $a \times b$

a \ b	0	1	2	3	4	5	6
0	0	0	0	0	0	0	0
1	0	1	2	3	4	5	6
2	0	2	4	6	1	3	5
3	0	3	6	2	5	1	4
4	0	4	1	5	2	6	3
5	0	5	3	1	6	4	2
6	0	6	5	4	3	2	1

왠지 표 속의 숫자가 아주 흩어져 있는걸.

그렇지만 봐! a나 b가 0이 아닌 줄에는 모두 반드시 1에서 6까지의 숫자가 하나씩 들어 있어!

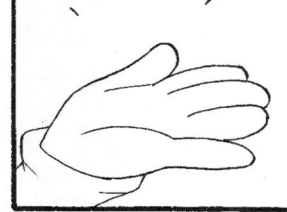

좋은 사실을 알아차렸네!

그런데 모듈로 8의 곱셈이라면 이렇게 돼.

표 3.6 모듈로 8의 $a \times b$

a \ b	0	1	2	3	4	5	6	7
0	0	0	0	0	0	0	0	0
1	0	1	2	3	4	5	6	7
2	0	2	4	6	0	2	4	6
3	0	3	6	1	4	7	2	5
4	0	4	0	4	0	4	0	4
5	0	5	2	7	4	1	6	3
6	0	6	4	2	0	6	4	2
7	0	7	6	5	4	3	2	1

제3장 공개키암호화 기술

서로소란
어느 수끼리 1 이외에
공통의 약수(공약수)를
가지고 있지 않은 수를
말해.

예를 들어, 8과 2의 경우 1 이외에 2라는 공통의 약수(공약수)를 가지고 있으므로 서로소가 아니다. 그리고 모듈로 8 곱셈표 속의 4와 6도 8과 2라 공약수를 가지고 있으므로 서로소가 아니다.
한편, 1, 3, 5, 7은 8과 서로소이다. 왜냐하면 서로소일 때 두 수의 최대공약수가 1이 되기 때문이다.
이처럼 모든 소수는 그 소수의 배수를 제외한 다른 모든 정수와 서로소가 되므로 에라토스테네스의 체에 의해 소수를 찾아낼 수 있다.

그럼
모듈로로 계산하는
수는 소수가 좋겠네?

그럼 예를 들면
3÷5는
어떻게 한다?

그래!
7처럼 소수라면
나눗셈도 할 수
있어요.

표 3.7에서 1의 역수는 1, 2의 역수는 4, 3의 역수는 5, 4의 역수는 2, 5의 역수는 3, 6의 역수는 6이 된다.

그럼 3÷5를 계산하면 이래?

3을 5로 나누는 것은 3에 5의 역수인 3을 곱하는 셈이므로

3÷5＝3×3＝9
9÷7＝7＋2＝2(mod 7)

이 된다. 즉,

3÷5＝2(mod 7)

이다.

잘 했어요!

칭찬해야겠어.

그럼 나눗셈도 표로 만들어요.

표 3.8 모듈로 7의 $a \div b$

a \ b	0	1	2	3	4	5	6
0	—	0	0	0	0	0	0
1	—	1	4	5	2	3	6
2	—	2	1	3	4	6	5
3	—	3	5	1	6	2	4
4	—	4	2	6	1	5	3
5	—	5	6	4	3	1	2
6	—	6	3	2	5	4	1

곱셈과 나눗셈은 놀이기구 모델로도 설명할 수 있어요.

🍀 모듈로연산의 곱셈과 나눗셈

곱셈의 경우도 박스가 7개 있는 놀이기구 모델로 설명한다.

초기 상태는 0호 박스가 위치 0, 1호 박스가 위치 1 등 모든 박스 번호와 위치 번호가 일치한다.

곱셈의 경우는 박스가 회전하는 속도를 생각하면 된다.

박스가 1분 동안에 1/7회전할 때(즉, 7분만에 1회전할 때) 0호 박스는 3분 후 어느 위치에 있느냐 하는 것은 다음과 같이 나타낼 수 있다.

1(빠르기)×3(분 동안)=3(회전 후의 위치)

1분 동안에 5/7회전할 경우 6분 후에 어느 위치에 있을까는 다음과 같이 계산된다.

5×6=30,
30=7×4+2(30÷7=4 나머지 2)이므로
5×6=2(mod 7)

즉, 30이라는 값은 7로 나누면 4와 나머지 2가 된다. 4회전한 것이라도 mod의 세계에서는 0회전과 같은 셈이므로 나머지 2에만 주목하면 된다.

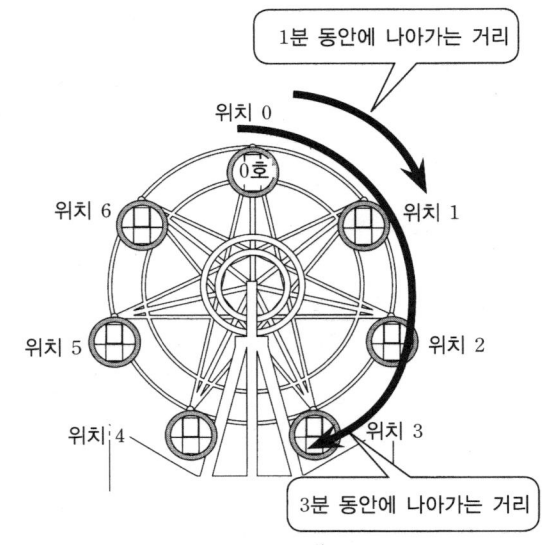

그림 3.6 1분 동안에 $\frac{1}{7}$회전할 경우 (1)

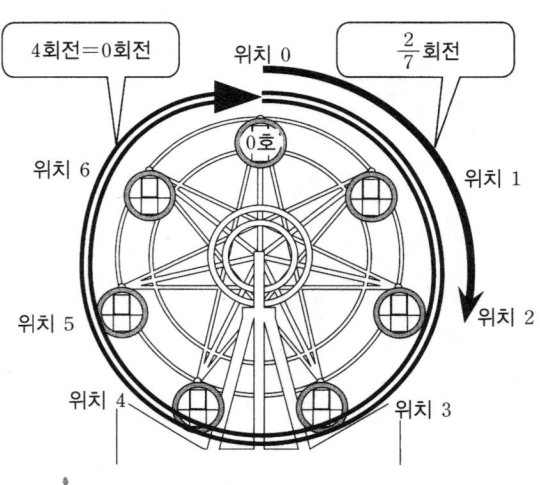

그림 3.7 1분 동안에 $\frac{5}{7}$회전한 경우 6분 후의 위치

나눗셈의 경우는 곱셈의 역을 생각한다. 회전 후의 위치와 회전한 속도로부터 박스가 회전한 시간을 역산하는 것이다.

박스가 1분 동안에 1／7회전할 때 0호 박스는 위치 0으로부터 회전을 시작해 최종적으로 위치 5에 이른다. 이 결과로 박스가 몇 분 동안 회전했는지를 구할 수 있다.

5(최종 위치)÷1(빠르기)＝5(분 동안)

즉, 5분 동안 회전하고 있었음을 알 수 있다. 그리고 12분 동안, 19분 동안, ……, 일반적으로 $(5+7n)$도 같은 위치에 오지만, mod 7의 세계에서는 시간조차도 0~6분밖에 없으므로, 12분이나 19분이라는 시간의 경과는 보이지 않으며, 어느 경우에나 5분과 같게 된다.

박스가 1분 동안에 2／7회전할 때(즉, 7분만에 2회전할 때) 0호 박스는 위치 0으로부터 회전을 시작해 최종적으로는 위치 5에 이르렀다면, 박스가 몇 분 동안 회전했는지 나눗셈표로부터 다음의 답이 나온다.

5(최종 위치)÷2(빠르기)＝6(분 동안)

6분 동안 회전했다는 답이 나오지만, 이것을 어떻게 해석하면 좋을까?
이렇게 생각해 보자. 최종 위치는 5였지만 여분으로 1회전하고 있었다고 말이다. 즉, 실제의 최종 위치는 2×6＝12였지만, mod 7 때문에 5로 나타났다.
따라서, 12÷2＝6이므로 '6분 동안 회전했다'는 답이 옳다는 것을 알 수 있다.

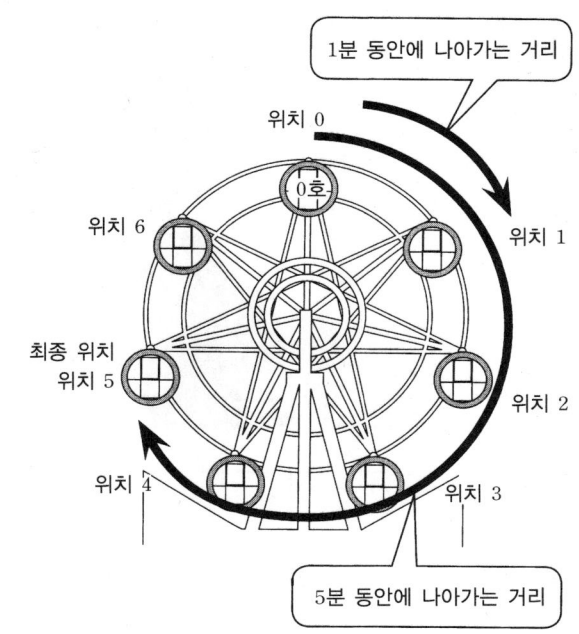

그림 3.8 1분 동안에 $\frac{1}{7}$회전할 경우 (2)

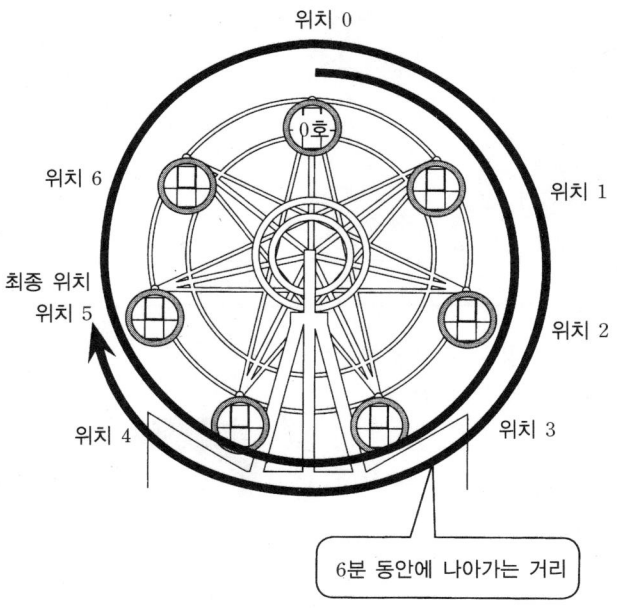

그림 3.9 1분 동안에 $\frac{2}{7}$회전할 경우

예를 들어, 3÷8의 답은 분수(소수)가 되어 정수로는 나타낼 수 없다.
한편, 소수 p의 모듈로연산에서는 교환법칙, 결합법칙, 분배법칙이 성립하며, 연산 결과는 반드시 $\{0, 1, \ldots, p-1\}$ 가운데 하나가 된다.

$a+b=b+a$
$ab=ba$ 가 교환법칙
$(a+b)+c=a+(b+c)$
$(ab)c=a(bc)$ 가 결합법칙
$a(b+c)=ab+ac$ 가 분배법칙이야!

이런 수의 체계를 '체(體)'라고 해요.

'체'의 대표적인 것이 유리수이다. 유리수에는 요소가 되는 수가 무한으로 있다. 한편, 소수 p의 모듈로연산의 요소는 0, 1, ……, $p-1$로 p개이며 유한하므로 '유한체'라고 한다.

표 3.9 모듈로 7의 a^b (a의 b제곱)

a＼b	1	2	3	4	5	6
1	1	1	1	1	1	1
2	2	4	1	2	4	1
3	3	2	6	4	5	1
4	4	2	1	4	2	1
5	5	4	6	2	3	1
6	6	1	6	1	6	1

표 3.9에 있는 각각의 수를 6제곱한 것을 7로 나누면 나머지는 모두 1이 된다.

$1^6 = 1 = 0 \times 7 + 1$
$2^6 = 64 = 9 \times 7 + 1$
$3^6 = 729 = 104 \times 7 + 1$
$4^6 = 4096 = 585 \times 7 + 1$
$5^6 = 15625 = 2232 \times 7 + 1$
$6^6 = 46656 = 6665 \times 7 + 1$

4. 페르마의 소정리와 오일러의 정리

아주 멋진 페르마의 소정리를 소개할게요!

페르마의 소정리는 소수 판정에서도 이용했어요. (139쪽 참조)

무엇보다 오일러의 정리를 공부하기 위한 기초로서 필요해요.

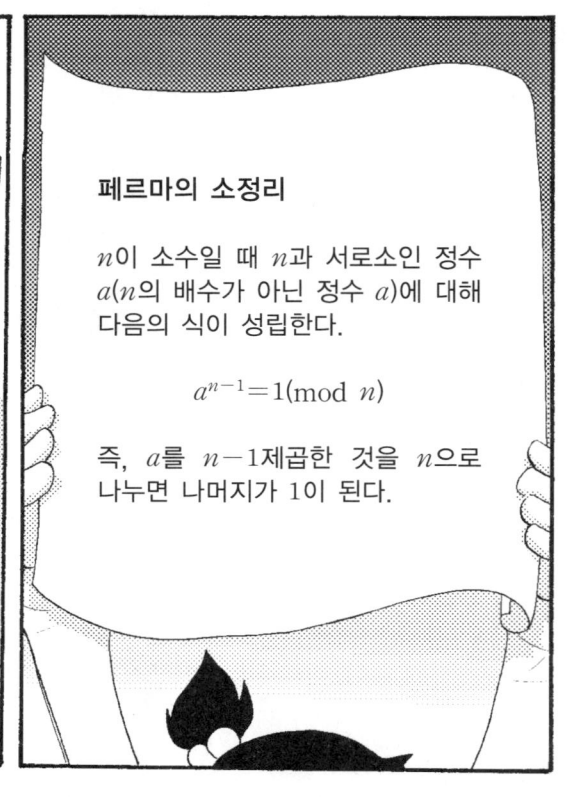

페르마의 소정리

n이 소수일 때 n과 서로소인 정수 a(n의 배수가 아닌 정수 a)에 대해 다음의 식이 성립한다.

$$a^{n-1} = 1 \pmod{n}$$

즉, a를 $n-1$제곱한 것을 n으로 나누면 나머지가 1이 된다.

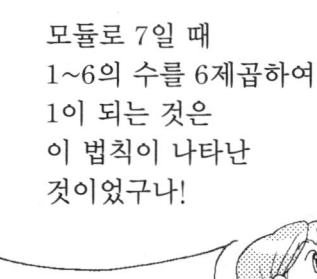

모듈로 7일 때 1~6의 수를 6제곱하여 1이 되는 것은 이 법칙이 나타난 것이었구나!

표 3.10 모듈로 7의 a^b(a의 b제곱)

a \ b	1	2	3	4	5	6
1	1	1	1	1	1	1
2	2	4	1	2	4	1
3	3	2	6	4	5	1
4	4	2	1	4	2	1
5	5	4	6	2	3	1
6	6	1	6	1	6	1

> 페르마란 어떤 사람이야?

✤ 수론의 아버지 페르마

피에르 드 페르마(Pierre de Fermat ; 1601~1665)는 17세기를 대표하는 프랑스의 법률가이자 수학자이다. 모듈로연산을 비롯한 수론 분야에서 커다란 업적을 남겼다.

페르마의 소정리뿐만 아니라 페르마의 대정리(최종 정리)라는 것도 있다.

페르마의 대정리란 '3 이상의 자연수 n에 대해 $x^n+y^n=z^n$이 되는 자연수(x, y, z)의 조합은 없다'는 것이지만, 페르마 자신은 그 증명을 남기지 않았다.

겉보기에는 간단명료한 내용이며 중학생에게도 이해될 수 있으리라고 생각될 정도의 단순한 형태를 띠고 있다. 잘 알려져 있는 피타고라스의 정리는 '직각삼각형에서 세 변의 길이 a, b, c에 대해 $a^2+b^2=c^2$이 성립한다는 것이다. 페르마의 정리란 $a^2+b^2=c^2$에서 2제곱을 3제곱 이상으로 바꾼 경우의 수식이다.

한편, 대정리의 증명은 페르마가 죽은 뒤 330년이 지난 1995년에 영국의 앤드루 와일스(Andrew Wiles ; 1953~)에 의해 이루어졌다.

> 페르마의 대정리에 대한 증명을 여기에 적으려고 생각했지만 여백이 너무 좁아!

이렇게 노트에 적혀 있었다고 한다.

소수의 판정에 페르마의 소정리 (139쪽 참조)를 이용해봐요!

페르마의 소정리의 대우를 취한다. 그러면 n과 서로소인 a가

$$a^{n-1} \neq 1 \pmod{n}$$

이라면 n은 소수가 아니라고 할 수 있다.

대우가 뭐지?

명제 'A라면 B'에 대해 'B가 아니라면 A가 아니다' 하는 것이 대우예요!

참인 명제의 대우는 항상 참이에요!

그렇군…… 이것은 만화가 아냐.

명제 '모든 만화는 재미있다'가 참이라면,

대우 '재미없는 것은 모두 만화가 아니다'도 참이라고 할 수 있다.

이것을 이용해 소수를 판정하는 방법이 페르마의 방법이야.

❈ 페르마의 방법과 의사소수

페르마의 방법에 의한 소수 판정에서 주의해야 할 것은

$$a^{n-1} = 1 (\text{mod } n)$$

을 만족하는 것은 n이 소수이기 위한 필요조건이지만 충분조건이라고는 할 수 없는 점이다.

이 때문에 페르마의 방법에서는 소수가 아닌데도 확률적으로 소수라고 판정되는 경우가 있다. 그런 수를 의사소수라고 한다.

예를 들어, $n=3215031751$은 서로소인 2, 3, 5, 7과의 사이에

$$2^{3215031750} = 1 (\text{mod } 3215031751)$$
$$3^{3215031750} = 1 (\text{mod } 3215031751)$$
$$5^{3215031750} = 1 (\text{mod } 3215031751)$$
$$7^{3215031750} = 1 (\text{mod } 3215031751)$$

을 만족하고 있지만 소수는 아니다. 왜냐하면

$$3215031751 = 151 \times 751 \times 28351$$

로 소인수분해할 수 있기 때문이다.

그러나 250억 이하의 수 n에서 2, 3, 5, 7 등 네 소수의 $n-1$제곱이 1인데도 소수가 아닌 것은 3215031751뿐이다. 페르마의 방법을 이용하면서 정확도를 더욱 높이기 위해 발전시킨 것이 139쪽에서 소개한 밀러-라빈의 방법이다.

다음 오일러의 정리는 RSA암호의 수학적 근거가 되는 거야.

이것을 이해하면 RSA암호의 기초를 알 수 있어!

♣ 오일러의 정리

자연수 n과 서로소인 정수 a에 대해 다음의 식이 성립한다.

$$a^{\varphi(n)} = 1 (\mathrm{mod}\ n)$$

식 안의 φ를 오일러함수라고 한다. 오일러함수값 $\varphi(n)$은 1부터 n까지의 자연수이면서, n과 서로소인 수의 개수를 나타내는 것이다.
그리고 $a^{\varphi(n)} \times a = a^{\varphi(n)+1}$이므로 틀림없이 다음 식도 성립한다.

$$a^{\varphi(n)+1} = a (\mathrm{mod}\ n)$$

왜냐하면, $a^{\varphi(n)} = 1 (\mathrm{mod}\ n)$이므로 a를 $(\varphi(n)+1)$제곱하면 a로 되돌아가는 것을 의미하기 때문이다.
나아가 거듭제곱을 해나가면 $2\varphi(n)$제곱에서 1이 되고 $(2\varphi(n)+1)$제곱에서 a로 돌아간다. 이것을 일반적으로 나타내면 자연수 n과 서로소인 정수 a에 대해 다음과 같이 된다.

$$a^{k\varphi(n)} = 1 (\mathrm{mod}\ n)$$
$$a^{k\varphi(n)+1} = a (\mathrm{mod}\ n)$$
※ k는 음이 아닌 정수

더불어, 1부터 $(n-1)$까지의 모든 정수 a에 대해 다음과 같은 식이 성립한다.

$$a^{k\varphi(n)+1} = a (\mathrm{mod}\ n) \quad \cdots\cdots\cdots\cdots\cdots\cdots (1)$$

🍀 수학자 오일러

레온하르트 오일러(Leonhard Euler ; 1707~1783)는 스위스 태생으로 18세기를 대표하는 수학자이다.

수학의 광범위한 분야에서 커다란 업적을 남겼을 뿐만 아니라 물리학과 천문학 분야에서도 활약했다.

일반적으로 잘 알려져 있는 수학 분야의 업적은 오일러의 공식(복소수의 오일러 표시)이다.

$$e^{i\theta}=\cos\theta+i\sin\theta$$

이것은 복소수지수함수 $e^{i\theta}$와 삼각함수인 $\cos\theta$ 및 $\sin\theta$가 허수단위 $i=\sqrt{-1}$을 개입시켜 이어져 있음을 나타낸다.

제3장 공개키암호화 기술 **167**

🍀 두 소수를 곱한 수의 오일러함수

N을 두 소수 p와 q를 곱한 수라고 할 때, 오일러함수값 $\varphi(n)$을 구하기 위해 N과 서로소가 아닌 정수를 헤아려 보자. p와 q는 소수이므로 N과 서로소가 아닌 수는 p의 배수와 q의 배수로 한정됨을 알 수 있다.

(1) 1부터 qp까지 그 사이에 있는 p의 배수는 $p, 2p, 3p, \cdots\cdots, qp$이므로 전부 q개 있다.
(2) 1부터 qp까지 그 사이에 있는 q의 배수는 $q, 2q, 3q, \cdots\cdots, qp$이므로 전부 p개 있다.
(3) qp와 pq는 어느 것이나 N을 가리키므로 1개만 같은 수가 중복되어 있다.

따라서, $\varphi(N)$은 $N(=pq$개$)$으로부터 p개와 q개를 빼고 중복된 1개를 더한 수가 된다. 즉,

$$\varphi(N) = pq - p - q + 1 = (p-1)(q-1)$$

오일러함수 $\varphi(N) = (p-1)(q-1)$이 된다.
이것으로부터 p와 q가 소수일 때 $\varphi(pq) = \varphi(p)\varphi(q)$로 나타낼 수 있다.
그리고 $a^{p-1} = 1 (\bmod p)$이며 $a^{q-1} = 1 (\bmod q)$이므로, $(p-1)$과 $(q-1)$의 공배수로서 가장 작은 것(최소공배수)을 L이라 하면 다음 식이 성립한다.

$$a^L = 1 (\bmod p, \bmod q)$$

즉, $N(=pq)$과 서로소인 정수 a에 대해 다음 식이 성립한다.

$$a^L = 1 (\bmod N)$$

따라서, L이 오일러함수 $\varphi(N)$과 같은 결과를 나타낸다. 그리고 임의의 두 양의 정수의 곱은

최소공배수와 최대공약수의 곱과 같으므로 $(p-1)(q-1)=LG$라는 관계를 바탕으로 다음 식이 성립한다.

$$L=\frac{(p-1)(q-1)}{G}$$

※ L은 최소공배수, G는 최대공약수

예를 들어, $p=3$, $q=5$라고 할 때, $N=pq$는 15, $(p-1)$은 2, $(q-1)$은 4, $\varphi(N)=(p-1)(q-1)$은 8, 2와 4의 최소공배수 L은 4이며 최대공약수 G는 2이다. 이때, 15와 서로소인 자연수 a에 대해 다음 식이 성립한다(표 3.11).

$$a^{4k}=1(\bmod\ 15)$$

※ k는 음이 아닌 정수

따라서, a를 $\varphi(N)$제곱하기까지 $(p-1)$과 $(q-1)$의 최소공배수 L을 주기로 횟수는 최대공약수 G회 적어도 '1'이 나타나게 된다.

오일러의 정리(166쪽 참조)의 식 (1)에 의해 1부터 $(N-1)$까지의 모든 정수 a에 대해

$$a^{kL+1}=a(\bmod\ N) \quad\cdots\cdots\cdots\cdots\cdots\cdots\cdots\cdots\cdots\cdots\cdots\cdots\cdots\cdots\cdots\cdots\cdots\cdots\cdots \quad (2)$$

이며, RSA암호를 만드는 방법이 된다.

표 3.11 두 소수를 곱한 수의 오일러함수의 예 a^b
($N=3\times 5$, $\varphi(15)=8$, $L=4$, $G=2$)

a \ b	1	2	3	4	5	6	7	8
1	1	1	1	1	1	1	1	1
2	2	4	8	1	2	4	8	1
3	3	9	12	6	3	9	12	6
4	4	1	4	1	4	1	4	1
5	5	10	5	10	5	10	5	10
6	6	6	6	6	6	6	6	6
7	7	4	13	1	7	4	13	1
8	8	4	2	1	8	4	2	1
9	9	6	9	6	9	6	9	6
10	10	10	10	10	10	10	10	10
11	11	1	11	1	11	1	11	1
12	12	9	3	6	12	9	3	6
13	13	4	7	1	13	4	7	1
14	14	1	14	1	14	1	14	1

1주기 | 1주기

※ ■ 부분은 식 (2)의 관계를 나타낸다.

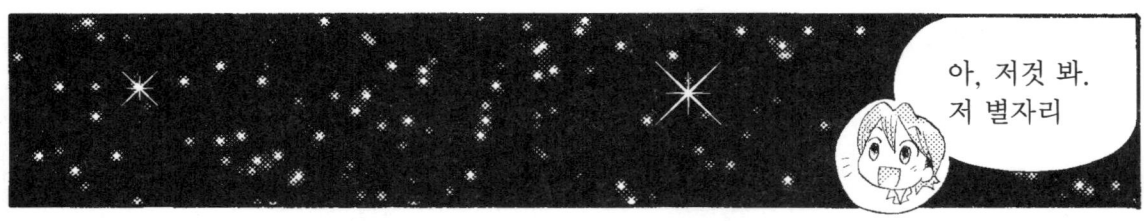

5. RSA암호의 구조

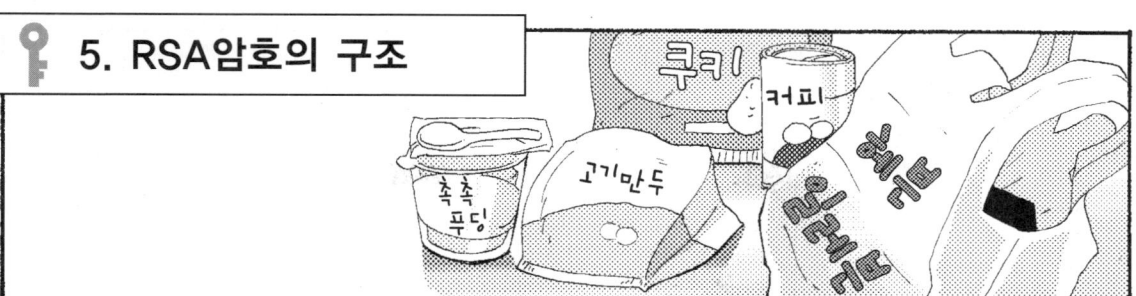

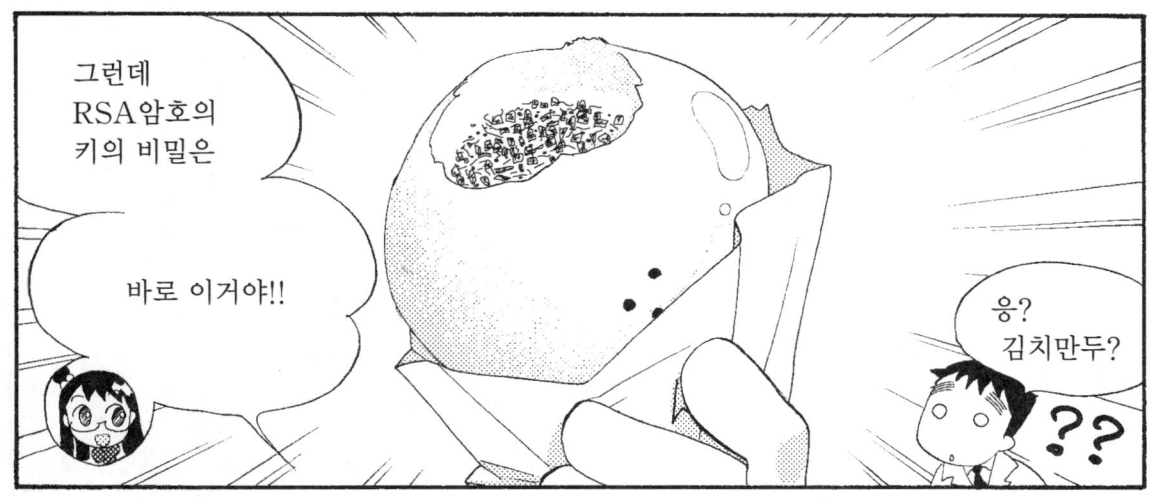

♣ RSA암호의 암호화와 복호

평문을 P, 암호문을 C라고 하면 암호화는 다음과 같이 표시된다.

$$C = P^e (\mathrm{mod}\ N)$$

즉, P(평문)를 e(공개키의 하나)제곱한 값을 N(또 하나의 공개키)으로 나눈 나머지가 C(암호문)가 되어 암호화가 이루어진다.

그리고 복호는 다음과 같이 나타낸다.

$$P = C^d (\mathrm{mod}\ N)$$

즉, C(암호문)를 d(비밀키)제곱한 값을 N(공개키)으로 나눈 나머지가 P(평문)가 되어 복호가 이루어진다. 여기서 N이란 서로 다른 크기의 두 소수를 번갈아 내놓는 것이다.

맨 앞의 식에서 공개키 e 및 N과 암호문 C가 알려져 있더라도 해독되지 않는 이유를 알겠어?

P를 x로 하는 방정식이라고 생각하면……

듣고 싶지 않아!

❈ RSA암호의 키 생성법

① 충분히 큰 서로 다른 두 소수 p, q를 임의로 선택한다.

▼

$p \times q$가 N, 즉 공개키의 하나가 된다.

② 오일러함수 $\varphi(pq)=(p-1)(q-1)$을 구한다.

▼

③은 공개키를 만들기 위한 또 하나의 준비 작업이다.

③ $(p-1)$과 $(q-1)$의 최소공배수 L을 계산한다.

오일러함수를 구하면 이제 p와 q는 불필요해! 타인에게 알려지지 않도록 폐기하는 것이 좋아요.

▼

④ $(p-1)$과 $(q-1)$의 최소공배수 L과 서로소이며 그보다 작은 임의의 양의 정수 e를 고른다.

e가 또 하나의 공개키야! 반드시 $P^e > N$이 되게끔 e를 골라야 해!!

$P^e \leqq N$이면 모듈로연산을 개재하지 않고 $P^e = C$가 되어 연산에 의한 스크램블화가 이루어지지 않게 된다.

⑤ 임의의 양의 정수 e에 대해 다음 식을 만족하는 양의 정수 d를 구한다.
$$ed = 1 \pmod{L}$$
단, d는 $\varphi(N)$보다 작고, p 및 q보다 큰 것으로 한다.

다음에 암호화키 e와 짝의 관계가 되는 복호키 d를 구해 보자.
$ed = 1 \pmod{L}$이므로 $ed - 1 = 0 \pmod{L}$이다. 즉, $ed - 1$은 L의 배수이므로

$$ed - 1 = kL \qquad \text{※ } k \text{는 음이 아닌 정수}$$

이며, 다음 식이 성립한다.

$$ed = kL + 1 \qquad \text{※ } k \text{는 음이 아닌 정수}$$

따라서, 오일러함수의 항(168쪽 참조)에서 설명한 식 (2)로부터 1에서 $(N-1)$까지의 모든 자연수 P(평문에 해당)에 대해 다음 식이 성립한다.

$$P^{ed} = P^{kL+1} = P \pmod{N}$$

이것에 의해 암호문 $C(=P^e)$를 d제곱한 P^{ed}은 평문 P로 복호됨을 알 수 있다.

❈ 공개키와 비밀키 만드는 법

지금 두 소수를 각각 $p=5$, $q=11$이라 할 때, 공개키 N과 비밀키 d를 구해 보자.

제1단계

p와 q의 곱을 N이라 한다.

$$N=pq=5\times11=55$$

제2단계

N의 오일러함수값 $\varphi(N)$을 구한다.

$$\varphi(55)=(5-1)\times(11-1)=4\times10=40$$

제3단계

$(p-1)$과 $(q-1)$의 최소공배수를 구한다. 4와 10의 최소공배수이므로 $L=20$이다.

제4단계

최소공배수 L과 서로소가 되는 자연수 e를 구한다. $L=20$과 서로소인 자연수 e가 될 수 있는 것은 {1, 3, 7, 9, 11, 13, 17, 19}의 8개이다.

제5단계

암호화키 e에 대한 역원 d, 즉 복호키를 구한다.
mod 20의 연산으로, 예를 들어 $e=17$의 곱셈에 대한 역원 d를 생각한다.

$$ed=kL+1(\mod 20) \text{이므로 } 17d=20k+1$$

이것을 변형하면,

$$d=\frac{(20k+1)}{17}$$

우변은 정수이므로 $20k+1$이 17의 배수가 되는 것을 찾아나가면, k가 11일 때 $20k+1=221$이며, 17의 배수임을 알 수 있다. 즉,

$$221 = 20 \times 11 + 1 = 17 \times 13 \text{인 것으로부터}$$
$$17 \times 13 = 1 \pmod{20}$$

이 되는 관계를 유도해 낼 수 있으며, $d=13$이 된다.
이상의 결과로부터 다음과 같이 키가 계산된다.

공개키 $(N=55, e=17)$ ← 암호화키
비밀키 $(d=13)$ ← 복호키

이제 제4단계 에서 얻어진 나머지 e에 대한 d는

$(e=1, d=1)$, $(e=3, d=7)$, $(e=7, d=3)$, $(e=9, d=9)$,
$(e=11, d=11)$, $(e=17, d=13)$, $(e=19, d=19)$

가 된다. 7개의 짝이 모두 $ed=20k+1$이 된다.
 일반적으로 암호화키와 복호키는 서로 다른 정수여야 하며($e \neq d$), 암호화키 e로 큰 정수를 선택하는 것이 바람직하므로 $e=17$, $d=13$으로 하는 것이 적당하다.

확장된 유클리드호제법을 사용하면 e의 역원……, 즉 비밀키 d가 효율적으로 구해져요(191쪽 참조).

❖ RSA암호문의 생성

먼저 RSA암호의 공개키를 사용해 암호문을 생성하는 처리 순서를 알아보자.
구체적인 예로 암호화키 $e=17$에 의해 알파벳 4문자로 이루어지는 평문(GOLF)을 암호화해 보자.

표 3.12 문자코드표

문자	코드	문자	코드	문자	코드
a	0	s	18	K	36
b	1	t	19	L	37
c	2	u	20	M	38
d	3	v	21	N	39
e	4	w	22	O	40
f	5	x	23	P	41
g	6	y	24	Q	42
h	7	z	25	R	43
i	8	A	26	S	44
j	9	B	27	T	45
k	10	C	28	U	46
l	11	D	29	V	47
m	12	E	30	W	48
n	13	F	31	X	49
o	14	G	32	Y	50
p	15	H	33	Z	51
q	16	I	34	⋮	⋮
r	17	J	35	공백	63

제1단계

먼저 표의 문자코드표를 바탕으로 정수를 할당한다.

```
G     O     L     F
↓     ↓     ↓     ↓
32    40    37    31
```

제2단계

정수를 6비트의 2진수 데이터로 변환한다.

```
32        40        37        31
↓         ↓         ↓         ↓
100000    101000    100101    011111
```

제3단계

2진수 데이터를 $(N-1)$ 이하의 음이 아닌 정수로 나타낸다. 이 예에서는 $N=55$이므로, $N-1=55-1=54$가 되므로 5비트마다 구획하기로 한다. 즉, 5비트로 나타내는 최대값은 31이며, 54 이하가 되어 조건을 만족시킨다. 물론 3비트나 4비트라도 좋지만, 구획하는 비트 수가 클수록 암호화 효율이 좋다.

```
1 0 0 0 0 0  1 0 1 0 0 0  1 0 0 1 0 1  0 1 1 1 1 1    0을 추가
↓↓↓↓↓  ↓↓↓↓↓  ↓↓↓↓↓  ↓↓↓↓↓  ↓↓↓↓↓
10000  01010  00100  10101  11110
```

(맨 마지막의 0은 5비트로 구획할 때 부족한 비트이다. 여기서는 편의상 0으로 한다.)

제4단계

2진수 데이터를 10진수로 고친다.

```
10000    01010    00100    10101    11110
↓        ↓        ↓        ↓        ↓
16       10       4        21       30
```

제5단계

암호화키 ($N=55$, $e=17$)을 사용해 암호화한다. 즉, 10진수 데이터를 17제곱하여 55로 나눌 때의 나머지를 구한다. 따라서,

$$16^{17}(\text{mod } 55),\ 10^{17}(\text{mod } 55),\ 4^{17}(\text{mod } 55),\ 21^{17}(\text{mod } 55),\ 30^{17}(\text{mod } 55)$$

를 계산하면 암호데이터가 얻어진다. 예를 들어, 16에 대해서는

$$16^2 = 256 = 36(\text{mod } 55) \qquad 36^2 = 1296 = 31(\text{mod } 55)$$
$$31^2 = 961 = 26(\text{mod } 55) \qquad 26^2 = 676 = 16(\text{mod } 55)$$

가 되므로 이들 관계식을 차례로 적용하여

$$\begin{aligned}16^{17} &= 16^2 \times 16^2 \times 16^2 \times 16^2 \times 16^2 \times 16^2 \times 16^2 \times 16^2 \times 16 \\ &= 36 \times 36 \times 36 \times 36 \times 36 \times 36 \times 36 \times 36 \times 16 \\ &= 36^2 \times 36^2 \times 36^2 \times 36^2 \times 16 \\ &= 31 \times 31 \times 31 \times 31 \times 16 \\ &= 31^2 \times 31^2 \times 16 \\ &= 26 \times 26 \times 16 \\ &= 26^2 \times 16 \\ &= 16 \times 16 \\ &= 36 \end{aligned}$$

나머지의 암호화도 마찬가지로 진행한다. 그 결과

$$10^{17}(\text{mod } 55) = 10 \qquad 4^{17}(\text{mod } 55) = 49$$
$$21^{17}(\text{mod } 55) = 21 \qquad 30^{17}(\text{mod } 55) = 35$$

가 얻어진다. 따라서 암호문은

$$36\ \ 10\ \ 49\ \ 21\ \ 35 \quad \cdots\cdots\cdots\cdots\cdots\cdots\cdots\cdots\cdots\cdots\cdots\cdots\cdots\cdots\cdots\cdots\cdots \quad (3)$$

라는 10진수로 나타낼 수 있다. 식 (3)을 문자코드로 간주해 표 3.12에 따라 문자로 바꾸면

36	10	49	21	35
↓	↓	↓	↓	↓
K	k	X	v	J

라는 암호문이 완성된다.

❀ RSA암호문의 복호

이번에는 RSA암호의 비밀키를 사용해 암호문을 평문으로 복호하는 처리 순서를 알아보자. 구체적인 예로 비밀키인 복호키($d=13$)를 사용해 10진수의 암호데이터(식 (3))를 알파벳으로 이루어진 평문으로 복호하는 과정을 살펴보자.

제1단계

복호키($d=13$)를 사용해 $C^d (\bmod N)$을 계산한다. 즉, 식 (3)의 10진수 데이터를 13제곱하고 55로 나누었을 때의 나머지를 구해 평문 데이터로 한다. 따라서,

$$36^{13} (\bmod 55),\ 10^{13} (\bmod 55),\ 49^{13} (\bmod 55),\ 21^{13} (\bmod 55),\ 35^{13} (\bmod 55)$$

를 계산하면 평문 데이터가 얻어진다. 예를 들어, 36에 대해서는 암호문의 생성 제5단계에서 이용한 식을 적용함으로써

$$\begin{aligned}
36^{13} &= 36^2 \times 36^2 \times 36^2 \times 36^2 \times 36^2 \times 36^2 \times 36 \\
&= 31 \times 31 \times 31 \times 31 \times 31 \times 31 \times 36 \\
&= 31^2 \times 31^2 \times 31^2 \times 36 \\
&= 26 \times 26 \times 26 \times 36 \\
&= 26^2 \times 26 \times 36 \\
&= 16 \times 26 \times 36 \\
&= 14976 (\bmod 55) \\
&= 16
\end{aligned}$$

나머지의 암호데이터 {10, 49, 21, 35}에 대해서도 마찬가지로 계산한다. 그 결과

$$10^{13} (\bmod 55) = 10 \qquad 49^{13} (\bmod 55) = 4$$
$$21^{13} (\bmod 55) = 21 \qquad 35^{13} (\bmod 55) = 30$$

이 얻어진다.

따라서 평문 데이터는 다음의 10진수이다.

        16   10   4   21   30

제2단계

평문 데이터로서 얻어진 10진수를 5비트 2진수로 고친다.

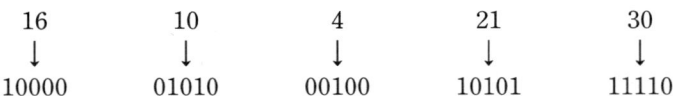

제3단계

표의 문자코드에 대응시키기 위해 2진수 데이터를 6비트마다 새로 구획한다.

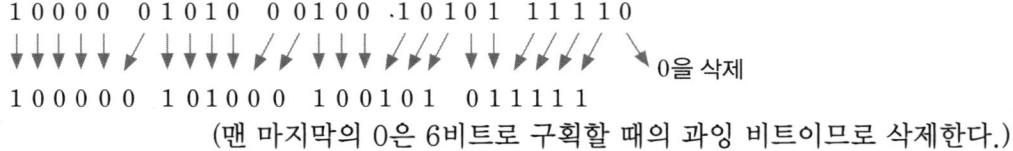

(맨 마지막의 0은 6비트로 구획할 때의 과잉 비트이므로 삭제한다.)

제4단계

6비트의 2진수 데이터를 10진수의 정수로 변환한다.

    100000   101000   100101   011111
      ↓   ↓   ↓   ↓
      32   40   37   31

제5단계

문자코드표를 바탕으로 정수 데이터를 문자로 치환한다.

     32   40   37   31
     ↓   ↓   ↓   ↓
     G   O   L   F

이로써 복호가 완성되었다.

6. 공개키암호와 이산로그문제

✿ 이산로그문제

모듈로 7의 거듭제곱표를 다시 한번 살펴보기 바란다.

3을 거듭제곱하고 있는 줄에서는 1부터 6까지의 수치가 중복 없이 한번씩 나타난다.

소수 7의 모듈로연산 결과는 유한체이며, 요소는

$$\{0, 1, 2, 3, 4, 5, 6\}$$

표 3.13 모듈로 7의 a^b(a의 b제곱)

a \ b	1	2	3	4	5	6
1	1	1	1	1	1	1
2	2	4	1	2	4	1
3	3	2	6	4	5	1
4	4	2	1	4	2	1
5	5	4	6	2	3	1
6	6	1	6	1	6	1

이지만, 3의 거듭제곱은 0 이외의 모든 요소를 나타내는 것이 가능한 셈이다. 표 3.13의 $a=3$과 같이 1부터 6까지의 수치가 중복 없이 한번씩 나타나는 성질을 가진 수를 원시근이라 한다.

소수 p를 모듈로연산을 하면 반드시 원시근이 존재하며 그 개수는 $\varphi(p-1)$이다. 모듈로 7의 경우는

$$\varphi(7-1)=\varphi(6)=\varphi(2\times 3)=(2-1)\times(3-1)=2$$

로서 2개이다. 그러면 3 이외에 또 하나의 원시근이 되는 수가 있을 것이다. 표 3.13을 보면 5도 원시근임을 알 수 있다. 소수 p를 모듈로연산을 한 원시근을 α라 하면 모듈로연산의 임의 요소 Z_i는 다음 식으로 나타낼 수 있다.

$$\alpha^k = Z_i \pmod{p}$$

※ k는 음이 아닌 정수, 반드시 $k \leq p-1$

그리고 원시근 α의 지수 k는 다음 식으로 나타낼 수 있다.

$$k = \log_\alpha Z_i \pmod{p}$$

이때, k는 α를 밑으로 하는 이산로그(log)라고 한다.
여기서 log라는 기호를 어렵게 생각할 필요는 없다. 예를 들어, $2^3=8$이라는 식은

$$3 = 3\log_2 2 = \log_2 2^3 = \log_2 8$$

과 같은 의미이다.
 '2를 3제곱하면 8이 된다'는 표현을 바꾸어 말하면, '8로 하기 위해 2를 제곱하는 횟수는 3회이다'가 되는 셈이다.
126쪽에서도 설명한 것처럼

$$\alpha^k = Z_i \pmod{p}$$

에서 α, k, p가 알려져 있는 경우 Z_i를 구하는 것은 어렵지 않지만 α, Z_i, p가 알려져 있는 경우에 이산로그 k를 구하는 것은 매우 어렵다는 것이 이산로그문제이다.

제3장 공개키암호화 기술

❄ 엘가말암호의 암호화와 복호

암호의 송신자를 '나리'로 하고 수신자를 '란'으로 한다.

① 수신자 란은 큰 소수 q와 그 원시근 α를 준비한다.

② 수신자 란은 임의로 비밀키 d를 정하고

$$g = \alpha^d \pmod{q}$$

를 계산하여 g, α, q를 공개키로 공개한다.

③ 송신자 나리는 난수 r을 골라 $C_1 = \alpha^r \pmod{q}$를 계산한다. 이어 평문 P에 대해 $C_2 = P \times g^r \pmod{q}$를 계산한다.

④ 송신자 나리는 C_1과 C_2를 란에게 송신한다.

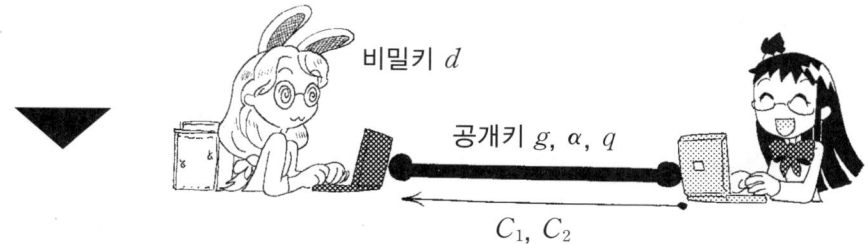

⑤ 수신자 란은 비밀키 d를 사용해 다음 식을 계산해 복호한다.

$$P = \frac{C_2}{C_1^d} \pmod{q}$$

$C_1^d = (\alpha^r)^d = (\alpha^d)^r = \alpha^{rd} = g^r$이야!
그것은

$$\frac{C_2}{C_1^d} = \frac{P \times g^r}{g^r} = P$$

즉, P로 복호된다는 거지.

정말이야! 틀림없이 평문 P가 돼!

디피에-헬먼(Diffie-Hellman) 키 공유법이라는 것도 이 엘가멜 암호와 비슷한 구조야.

---

① 나리와 란은 큰 소수 p와 원시근 α를 비밀로 하지 않고 공유한다.

② 나리는 임의의 수 c를 골라 비밀로 하고 $\alpha^c \pmod{p}$를 란에게 보낸다. 한편, 란은 임의의 수 d를 골라 비밀로 하고 $\alpha^d \pmod{p}$를 나리에게 보낸다.

③ 나리는 비밀키 c로부터 $(\alpha^d)^c = \alpha^{cd} \pmod{p}$라는 키를 얻는다. 란은 비밀키 d로부터 $(\alpha^c)^d = \alpha^{cd} \pmod{p}$라는 키를 얻는다.
두 사람은 키를 공유할 수 있다.

제3장 공개키암호화 기술

❋ 칼럼 ❋ 확장된 유클리드호제법

유클리드호제법은 두 자연수의 최대공약수를 도출하는 알고리듬이다. 소인수분해에 비해 효율적으로 계산할 수 있다. 호제법으로 두 자연수 $a, b(a>b)$의 최대공약수를 찾으려면 다음 순서대로 한다.

① a를 b로 나누고 나머지를 r이라 한다.
② $r=0$인 경우 최대공약수는 b이며, 순서를 끝낸다.
③ $r \neq 0$인 경우는 a와 b의 쌍을 b와 r로 치환하고 맨 처음의 순서로 돌아간다.

즉, ①부터 ③까지의 순서를 거듭하여 나머지가 0이 될 때 나눈 수가 최대공약수가 되는 것이다. 바꾸어 말하면 나머지 0을 얻기 직전의 단계에서 얻은 나머지가 최대공약수이다. 예를 들어, 1365와 77의 최대공약수를 유클리드호제법으로 구해 보자.

$$1365 = 17 \times 77 + 56 \quad (\leftarrow 1365 \div 77 = 17 \text{ 나머지 } 56\text{의 계산에 의함})$$
$$77 = 1 \times 56 + 21 \quad (\leftarrow 77 \div 56 = 1 \text{ 나머지 } 21\text{의 계산에 의함})$$
$$56 = 2 \times 21 + 14 \quad (\leftarrow 56 \div 21 = 2 \text{ 나머지 } 14\text{의 계산에 의함})$$
$$21 = 1 \times 14 + ⑦ \quad (\leftarrow 21 \div 14 = 1 \text{ 나머지 } 7\text{의 계산에 의함})$$
$$14 = 2 \times ⑦ + 0 \quad (\leftarrow 14 \div 7 = 2 \text{ 나머지 } 0\text{의 계산에 의함})$$

이 되어 최대공약수는 7이 된다. 순서대로 진행해 나가면 확실한 결과가 나오므로 호제법의 유용성을 실감할 수 있으리라 생각된다.

●**일차부정방정식 해의 계산**●

호제법을 사용해 서로소인 20과 17의 최대공약수를 구해 보자.

$$20 = 1 \times 17 + 3 \quad \cdots\cdots\cdots\cdots\cdots\cdots\cdots\cdots (1)$$
$$17 = 5 \times 3 + 2 \quad \cdots\cdots\cdots\cdots\cdots\cdots\cdots\cdots (2)$$
$$3 = 1 \times 2 + 1 \quad \cdots\cdots\cdots\cdots\cdots\cdots\cdots\cdots (3)$$
$$2 = 2 \times 1 + 0$$

최대공약수는 당연히 1이므로 호제법을 사용할 필요가 없다고 느껴질 것이다. 그러나 그 결과를 구하는 과정의 식으로 커다란 이용 가치가 있다.
먼저, 식 (1), (2), (3)을 이항해 다음 세 식을 얻는다.

$$20-1\times17=3 \quad \cdots\cdots\cdots\cdots\cdots\cdots\cdots\cdots\cdots\cdots\cdots\cdots\cdots\cdots\cdots\cdots\cdots\cdots\cdots (4)$$
$$17-5\times3=② \quad \cdots\cdots\cdots\cdots\cdots\cdots\cdots\cdots\cdots\cdots\cdots\cdots\cdots\cdots\cdots\cdots\cdots (5)$$
$$3-1\times② =1 \quad \cdots\cdots\cdots\cdots\cdots\cdots\cdots\cdots\cdots\cdots\cdots\cdots\cdots\cdots\cdots\cdots\cdots (6)$$

다음으로 식 (6)의 ② 에 식 (5)를 대입하고 3과 17에 주목해 묶는다.

$$3-1\times② =3-1\times(17-5\times3)=6\times③-1\times17=1 \quad \cdots\cdots\cdots (7)$$

이어, 식 (7)의 ③ 에 식 (4)를 대입하고 20과 17에 주목해 묶는다.

$$6\times③-1\times17=6\times(20-1\times17)-1\times17=6\times20-7\times17=1$$

이 일련의 과정에서 얻은 결과를 다음과 같이 바꾸어 적는다.

$$20\times6+17\times(-7)=1$$

위의 식은 $ax+by=c$라는 형태로 되어 있으며 a, b, c, x, y에 해당하는 수는 모두 정수이다. 이런 형태의 방정식을 일차부정방정식이라고 하며 정수해인 x와 y를 구하는 것이다. 즉, 유클리드호제법의 계산 과정을 이용함으로써 $a=20, b=17$일 때 일차부정방정식의 정수해 $(x, y)=(6, -7)$이 얻어진다는 것을 나타내고 있다. 이 방법이 확장된 유클리드호제법이며, 매우 이용 가치가 높은 알고리즘이다.

일반적으로 a와 b를 0이 아닌 정수라 하고, a와 b의 최대공약수를 c라고 하면 일차부정방정식

$$ax+by=c$$

는 정수해 (x_1, y_1)을 가지며, 해의 한 쌍은 확장된 유클리드호제법을 사용해 구할 수 있다. 그러나 일차부정방정식의 해는 한 쌍만이 아니다. 방정식의 모든 정수해는 임의의 정수 k를 사용해 다음과 같이 나타낸다.

$$(x, y)=\left(x_1+k\cdot\frac{b}{c}, y_1-k\cdot\frac{a}{c}\right) \quad \cdots\cdots\cdots\cdots\cdots\cdots\cdots (8)$$

●모둘로연산에서 역원의 계산●

식 (8)로 나타내는 해의 공식을 사용하면 일차부정방정식 $20x+17y=1$의 모든 정수해는 다음과 같게 된다.

$$(6+17k, -7-20k) \quad \cdots\cdots\cdots\cdots\cdots\cdots\cdots\cdots\cdots\cdots\cdots\cdots\cdots (9)$$

$k=-1$의 경우 해는 $(x, y)=(-11, 13)$이다. 이것을 일차부정방정식 $20x+17y=1$에 대입한다.

$$20 \times (-11) + 17 \times 13 = 1$$

이항해 식을 정리한다.

$$17 \times 13 = 1 + 11 \times 20 \quad \cdots\cdots\cdots\cdots\cdots\cdots\cdots\cdots\cdots\cdots\cdots\cdots\cdots\cdots\cdots\cdots\cdots (10)$$

식 (10)을 잘 살펴보면 다음 식과 같은 의미임을 알 수 있으리라 생각한다.

$$17 \times 13 = 1 (\text{mod } 20) \quad \cdots\cdots\cdots\cdots\cdots\cdots\cdots\cdots\cdots\cdots\cdots\cdots\cdots\cdots\cdots (11)$$

176쪽에서 $ed=1(\text{mod } L)$의 경우 '모듈로 L에 관해 복호키 d는 암호화키 e의 곱셈에 대한 역수(역원)이다' 라는 설명을 했다. 즉, 식 (11)은 모듈로 20에 관해 13이 17의 곱셈에 대한 역원임을 의미한다.

따라서, 확장된 유클리드호제법을 사용하면 모듈로연산에서의 역원이 효율적으로 도출된다. 공개키암호에서는 비밀키(복호키)의 생성을 위해 역원을 구해야 하므로 암호의 세계에서도 확장된 유클리드호제법은 큰 힘을 발휘한다.

$17(\text{mod } 20)$의 역원 17^{-1}을 구하는 것이 가능했지만, $16(\text{mod } 20)$의 역원 16^{-1}의 경우는 어떨까? 16과 20의 최대공약수는 4이므로 $20x+16y=4$는 앞서 설명한 대로 답을 구할 수 있다. 그러나 역원을 구하기 위한 일차부정방적식 $20x+16y=1$은 좌변이 반드시 4의 배수이므로 정수해는 존재하지 않는다. 즉, 두 수가 서로소가 아닌 경우에는 역원을 구할 수 없다. 확장유클리드호제법에 의한 역원의 도출은 두 수가 서로소인 경우에만 가능해진다.

마지막으로 모듈로 1001에 관해 73의 역원 73^{-1}을 구하는 계산을 호제법을 사용해 실제로 해 보자. 먼저 유클리드호제법으로 73과 1001의 최대공약수를 구한다.

$$1001 = 13 \times 73 + 52$$
$$73 = 1 \times 52 + 21$$
$$52 = 2 \times 21 + 10$$
$$21 = 2 \times 10 + 1$$
$$10 = 10 \times 1 + 0$$

따라서, 73과 1001의 최대공약수는 1, 즉 73과 1001은 서로소이다. 다음에 이들 식을 나머지를 구하는 식으로 바꾼다.

$$1001 - 13 \times 73 = 52 \quad \cdots\cdots\cdots\cdots\cdots\cdots\cdots\cdots\cdots\cdots\cdots\cdots\cdots\cdots\cdots\cdots (12)$$
$$73 - 1 \times 52 = 21 \quad \cdots\cdots\cdots\cdots\cdots\cdots\cdots\cdots\cdots\cdots\cdots\cdots\cdots\cdots\cdots\cdots (13)$$
$$52 - 2 \times 21 = 10 \quad \cdots\cdots\cdots\cdots\cdots\cdots\cdots\cdots\cdots\cdots\cdots\cdots\cdots\cdots\cdots\cdots (14)$$
$$21 - 2 \times 10 = 1 \quad \cdots\cdots\cdots\cdots\cdots\cdots\cdots\cdots\cdots\cdots\cdots\cdots\cdots\cdots\cdots\cdots (15)$$

식 (15)의 10에 식 (14)를 대입한다.

$$21 - 2 \times (52 - 2 \times 21) = 1$$
$$21 - 2 \times 52 + 4 \times 21 = 1 \quad \cdots\cdots\cdots\cdots\cdots\cdots\cdots\cdots\cdots\cdots\cdots\cdots (16)$$

식 (16)에서 52와 21을 주목해 묶는다.

$$5 \times 21 - 2 \times 52 = 1 \quad \cdots\cdots\cdots\cdots\cdots\cdots\cdots\cdots\cdots\cdots\cdots\cdots\cdots\cdots (17)$$

식 (17)의 21에 식 (13)을 대입한다.

$$5 \times (73 - 1 \times 52) - 2 \times 52 = 1$$
$$5 \times 73 - 5 \times 52 - 2 \times 52 = 1 \quad \cdots\cdots\cdots\cdots\cdots\cdots\cdots\cdots\cdots\cdots (18)$$

식 (18)에서 73과 52를 주목해 묶는다.

$$5 \times 73 - 7 \times 52 = 1 \quad \cdots\cdots\cdots\cdots\cdots\cdots\cdots\cdots\cdots\cdots\cdots\cdots\cdots\cdots (19)$$

식 (19)의 52에 식 (12)를 대입한다.

$$5 \times 73 - 7 \times (1001 - 13 \times 73) = 1$$
$$5 \times 73 - 7 \times 1001 + 91 \times 73 = 1 \quad \cdots\cdots\cdots\cdots\cdots\cdots\cdots\cdots (20)$$

식 (20)에서 1001과 73을 주목해 묶는다.

$$96 \times 73 - 7 \times 1001 = 1 \quad \cdots\cdots\cdots\cdots\cdots\cdots\cdots\cdots\cdots\cdots\cdots\cdots (21)$$

식 (21)에서 이항한다.

$$96 \times 73 = 1 + 7 \times 1001$$

이것은 $96 \times 73 = 1 (\mod 1001)$과 같은 뜻이므로, 모듈로 1001에 대해 73의 역원 73^{-1}은 96이 된다.

제 4 장
실제로 암호를
사용하기 위해

1. 하이브리드암호

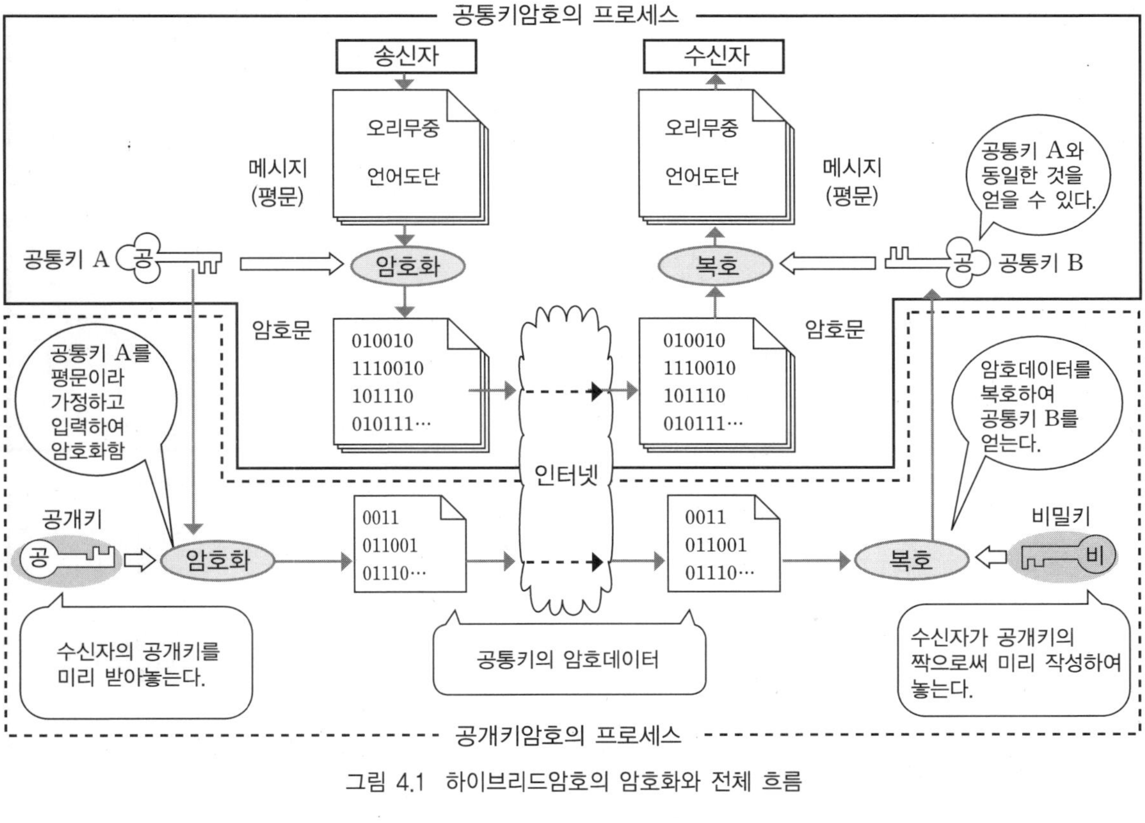

공통키암호의 단점은 키 교환이 곤란하다는 점, 장점은 처리속도가 빠르다는 점이다.
공개키암호의 단점은 긴 문장을 암호화하는데 계산시간이 오래 걸린다는 점, 장점은 키 교환이 용이하다는 점이다.

그림 4.1 하이브리드암호의 암호화와 전체 흐름

제4장 실제로 암호를 사용하기 위해 197

그림 4.1이 나타내는 것처럼 공개키암호를 '공통키의 암호화와 복호를 위한 것', 공통키암호를 '메시지의 암호화와 복호를 위한 것'으로 이용한다. 즉, 긴 메시지는 공통키암호로 고속으로 암호화·복호한다. 공통키는 공개키로 암호화하여 통신로를 매개체로 전달되므로 공통키의 최대 약점인 키교환을 할 때에 전달문제가 생기지 않는다.

이제부터 라면 주문을 예로 들어 하이브리드암호의 실제에 대해 알아보자.

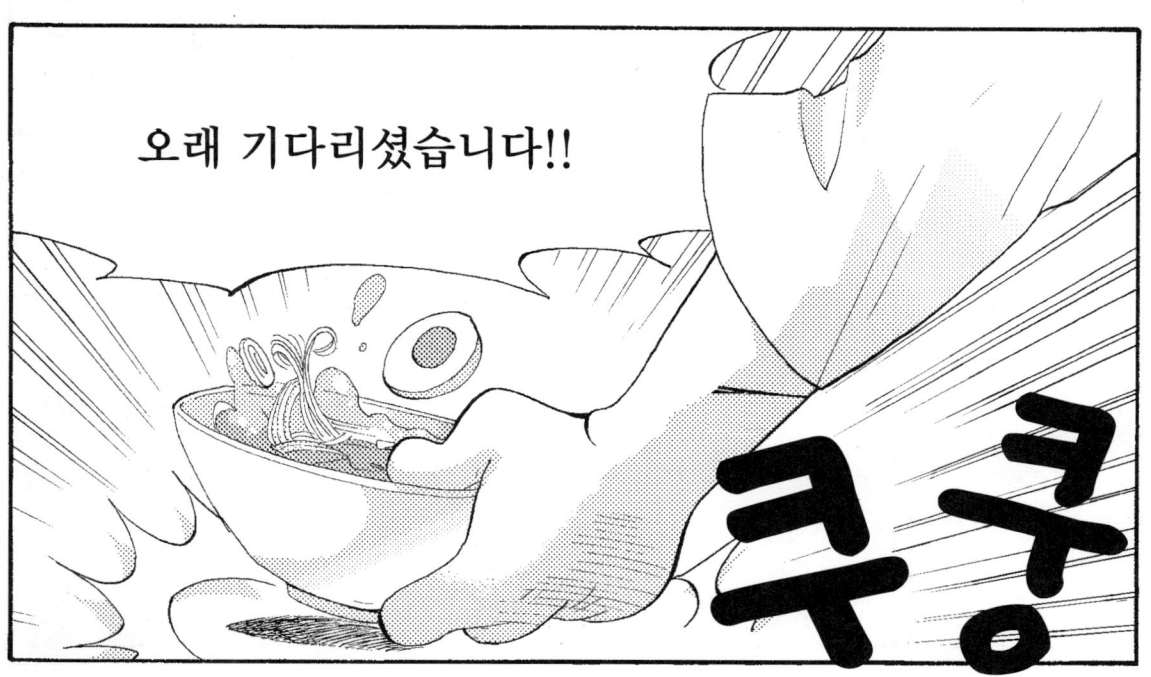

2. 해시함수와 메시지 인증코드

❈ 변조

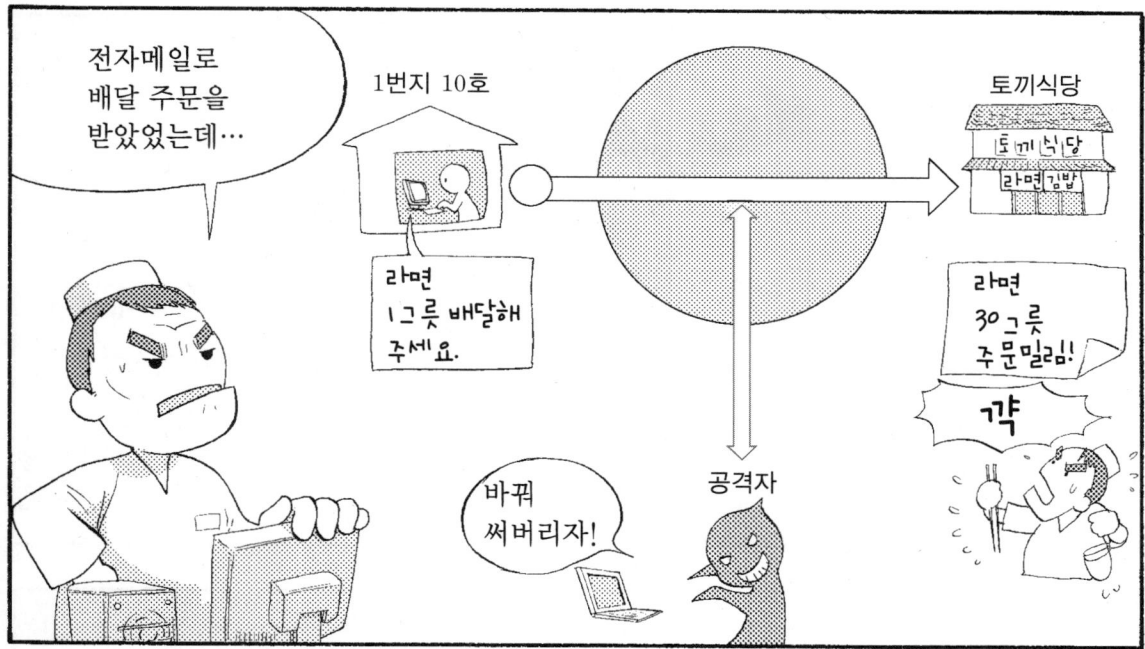

제 4 장 실제로 암호를 사용하기 위해

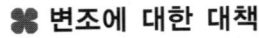

해시함수

해시함수를 사용하여 본래의 메시지로부터 해시값을 계산한다. 지문이 본인 확인의 수단으로써 유효한 것처럼 해시값은 메시지의 지문이라고 할 수 있다. 메시지를 요약한 것으로 데이터의 양이 적어지고, 고정된 크기를 가진다.

'메시지가 변조되지 않은 것을 수신자가 확인할 수 있다' 는 성질을 **무결성(완전성**, Integrity)이라고 하며 송신자가 본래의 메시지와 해시값을 함께 송신함으로써 무결성이 보증된다. 즉, 메시지의 지문을 단서로 하여 변조의 유무를 체크하는 것이다. 수신자는 송신자와 같은 해시함수를 사용하여 메시지의 지문인 해시값을 계산하여 첨부된 해시값과 비교한다. 해시값이 같다면 변조되지 않은 것임을 알 수 있다.

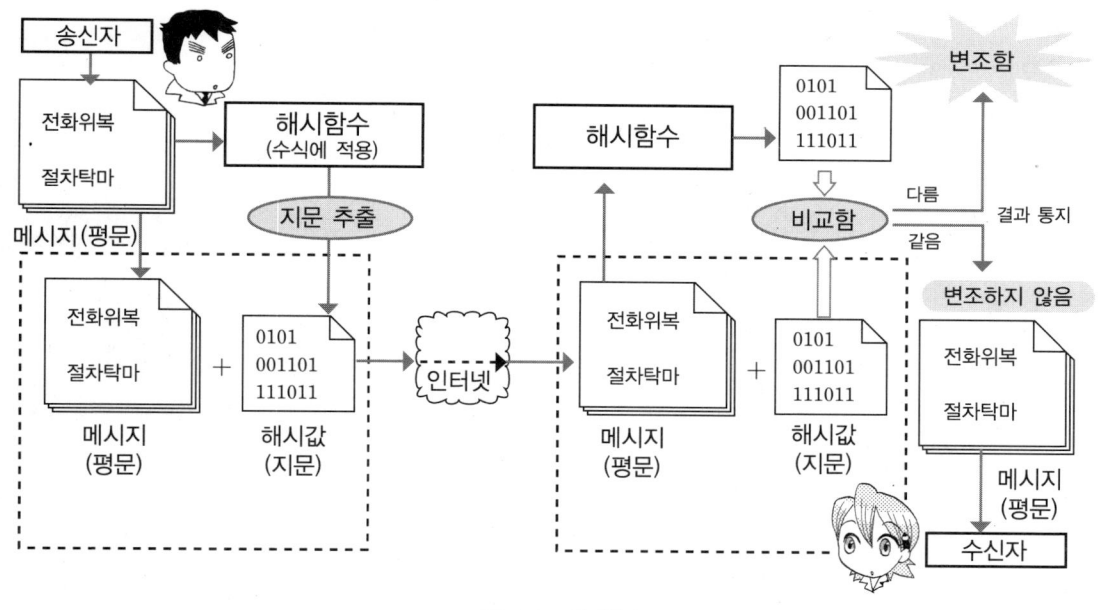

그림 4.2 해시함수

해시함수는 일방향함수이다. 메시지로부터 해시값을 계산할 수는 있어도 반대로 해시값으로부터 메시지를 복원할 수 없게 하기 위함이다. 이런 성질을 비가역성이라 하며, 이런 성질을 가진 해시함수가 일방향해시함수이다.

또한, 해시함수값이 일치하는 듯한 서로 다른 메시지의 세트를 찾는 것은 어려워야 하는데, 이 조건을 강충돌내성이라 한다. 더욱이 어떤 메시지가 주어졌을 때 해시값이 흡사해지는 다른 메시지를 발견하는 것은 어려워야 하는데, 이 조건을 약충돌내성이라 한다. 이런 목적으로 개발된 해시함수에는 MD5, SHA-1, SHA-256, SHA-512, RIPEMD-160 등이 있다.

❋ 메시지 인증코드의 구조

메시지의 무결성을 분명히 하고 인증하기 위한 절차가 메시지 인증코드이다. 그림 4.3을 보면서 메시지 인증코드의 구조를 살펴보자.

송신자는 보내고 싶은 메시지와 함께 그 메시지로부터 생성된 MAC값을 송신한다. MAC값이란 해시값과 마찬가지로 검사에 이용하는 값이다.

수신자는 수신한 메시지로부터 생성된 MAC값과 수신한 MAC값을 비교함으로써 메시지의 무결성과 인증을 담보한다. 이때 송신자측과 수신자측 모두 MAC값의 생성을 위해 공통키를 이용한다.

이 두 개의 MAC값이 동일할 때, 송신자로부터의 메시지가 중간에 변조되지 않았다는 것과(무결성), 송신자가 키를 공유한 올바른 송신자인 것을 확인할 수 있다(인증).

그러나 두 개의 MAC값이 다를 때는, 송신자로부터의 메시지가 중간에 변조되었다는 것과 송신자가 키를 공유한 올바른 송신자가 아닌 것을 확인할 수 있다.

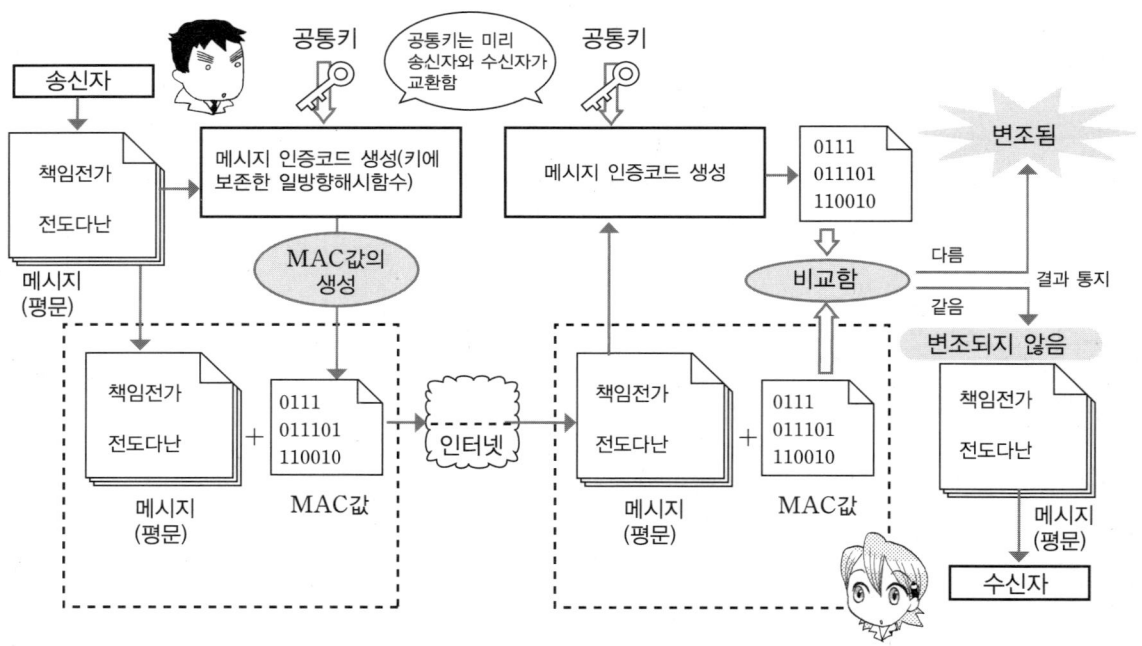

그림 4.3 메시지 인증코드의 구조

메시지 인증코드는 키가 있는 일방향해시함수의 한 종류라고 해도 무방하다. 기본적으로 해시값과 같은 구조로, 송신자와 수신자가 각각 메시지의 MAC값을 계산하여 비교하는 것으로 무결성을 확인할 수 있다.

메시지 인증코드에서 MAC값을 계산할 때에는 서로 공유하는 키를 사용한다. 이렇게 함으로써 본래의 메시지로부터 계산한 MAC값이 자신이 가지고 있는 키와 같은 키를 가지고 있는 상대인 것을 확신할 수 있다.

메시지 인증코드의 구조는 이와 같지만 어떻게 공통키 암호와 같이 안전하게 키를 공유할지가 문제이다.

메시지 인증코드는 국제금융거래나 온라인쇼핑 등에서 이용하는 SSL/TLS에서 이용되고 있다.

❀ 부인

✤ 메시지 인증코드의 두 가지의 결점

(1) 부인 방지(Non-Repudiation)를 할 수 없다.

예를 들어, A로부터 B에게 메시지와 MAC값이 보내졌을 때, 그 후에 A가 "나는 B에게 그 메시지를 보내지 않았다. B가 제멋대로 작성한 것이다."라고 주장해도 그것을 부정하는 수단이 없다. 제3자에게 진위의 판단을 맡기려 해도 제3자는 그 메시지와 MAC값이 A에 의해 작성된 것인지 B에 의해 작성된 것인지를 판별할 방법이 없다.

(2) 제3자에 대한 증명을 할 수 없다.

A로부터 B에게 메시지와 MAC값이 보내졌을 때, B는 제3자 C에게 메시지가 A로부터 보내진 것인지를 증명할 수 없다. 메시지와 MAC값은 A도 작성할 수 있고, B도 작성할 수 있으므로, C는 A가 작성한 것인지 B가 작성한 것인지를 판단할 수 없다.

3. 전자서명

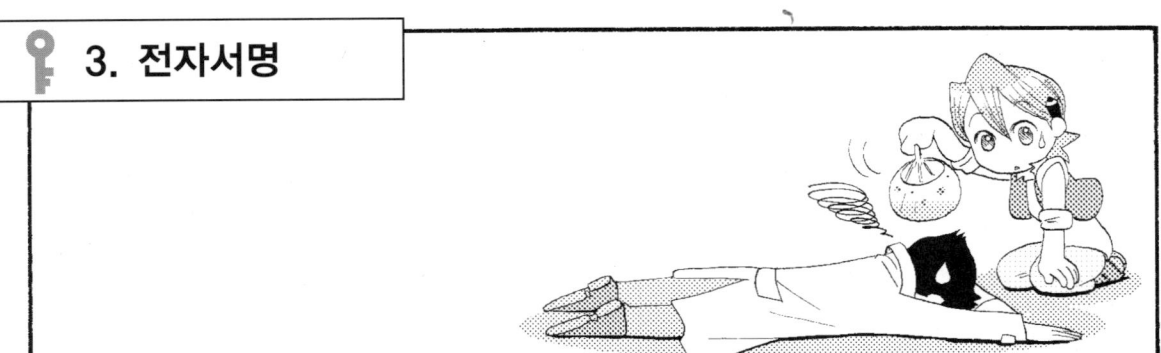

❀ 부인에 대한 대책

부인을 막는 방법이란 어떤 거야?

전자서명을 사용하는 거예요!

그렇게 하면 제3자에 대한 증명도 할 수 있고요.

전자 서명
Digital Signature

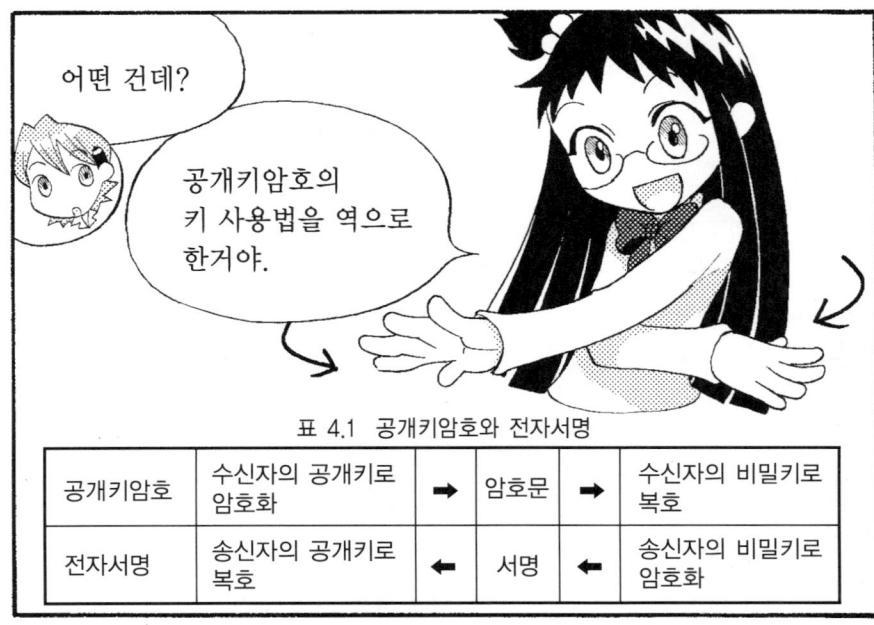

어떤 건데?

공개키암호의 키 사용법을 역으로 한거야.

전자서명의 구조를 살펴봐요!

표 4.1 공개키암호와 전자서명

공개키암호	수신자의 공개키로 암호화	→ 암호문 →	수신자의 비밀키로 복호
전자서명	송신자의 공개키로 복호	← 서명 ←	송신자의 비밀키로 암호화

❈ 전자서명의 구조

전자서명은 송신자가 자신의 비밀키로 메시지를 암호화한 것이고, 메시지와 같이 수신자에게 보낸다.

수신자는 송신자의 공개키로 서명을 복호하여 메시지를 얻는다. 그리고 복호한 메시지와 보내져온 또 다른 메시지와 비교한다.

양자가 동일하다면 무결성의 검증과 송신자의 인증이 동시에 이루어진 것이다. 또한, 송신자의 공개키로 복호하기 위해 제3자도 수신자와 같은 서명을 검증할 수 있어 제3자에 대한 증명이 가능함과 동시에 송신자의 부인 방지가 된다.

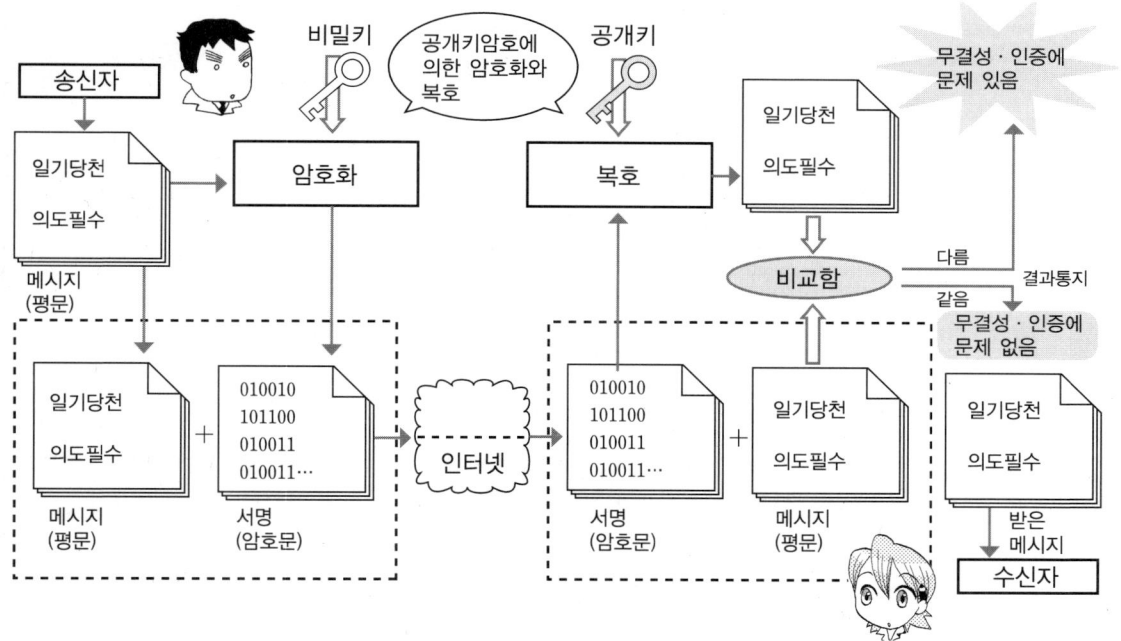

그림 4.4 전자서명의 구조 1 (메시지를 그대로 암호화하여 서명하는 경우)

그림 4.4에서는 전자서명의 개념을 알기 쉽게 하기 위해 메시지를 직접 암호화하여 서명하는 과정을 단순화시켜 작성해 놓았다.

실제로는 메시지 전체를 서명으로 하면 공개키암호의 처리에 시간이 걸리기 때문에 메시지를 먼저 일방향해시함수값으로 한 후에 서명을 작성한다.

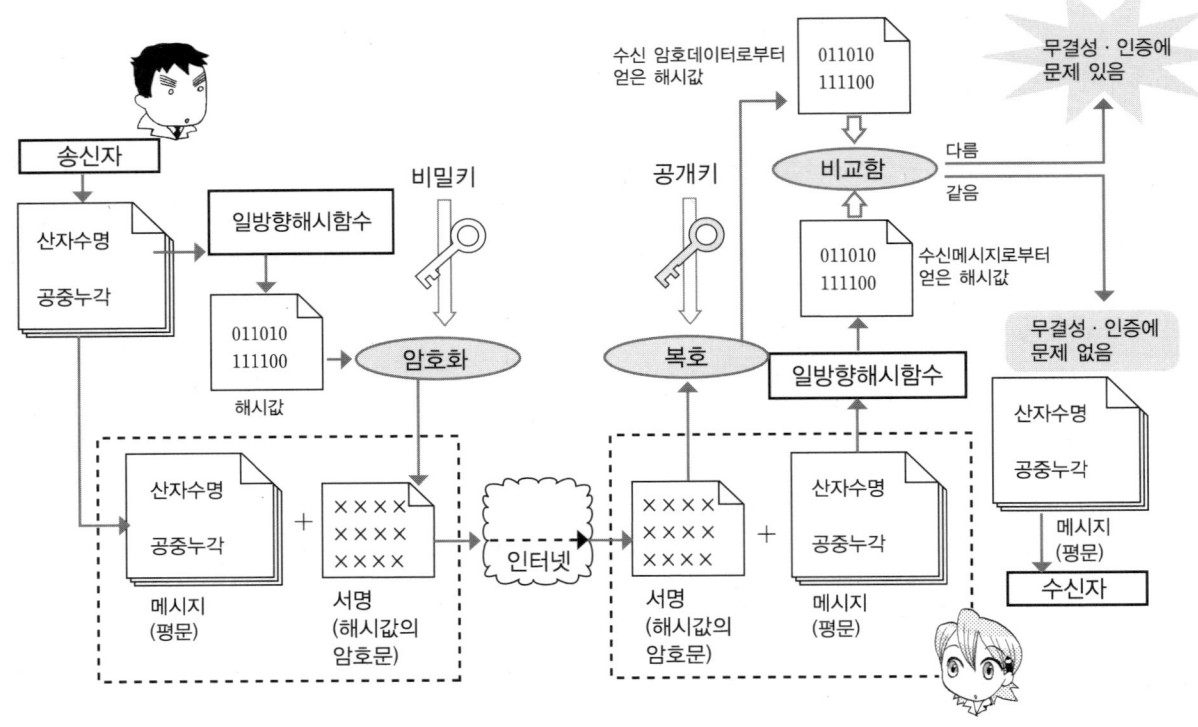

그림 4.5 전자서명의 구조 2(해시화한 메시지를 암호화하여 서명으로 하는 경우)

전자서명은 SSL/TLS의 서버 정당성을 인증하는 서버 인증서를 작성하기 위해서도 이용된다. 인증서라고 하는 것은 공개키(이 경우는 서버의 공개키)에 전자서명을 부가한 것이다. 또한, 다운로드용 소프트웨어에 전자서명을 부가하여 소프트웨어가 변조되는 것을 방지하기 위해서도 이용되고 있다.

✿ 중간자 공격

송신자인 1번지 10호를 A, 수신자인 토끼식당을 B라고 한다.

A가 B와 암호로 통신하기 위해서는 우선 B의 공개키를 받을 필요가 있다. 그런데, B가 A에게 공개키를 보내는 중에 중간에 있는 공격자가 공개키를 손에 넣어 자신의 공개키를 A에게 보낸다.

A가 송신한 암호문은 공격자가 자신의 공개키로 암호화하였으므로 공격자의 비밀키로 해독할 수 있다. 더불어 내용을 변조하여 B의 공개키로 암호화해서 보내면 B는 확인할 방법이 없다.

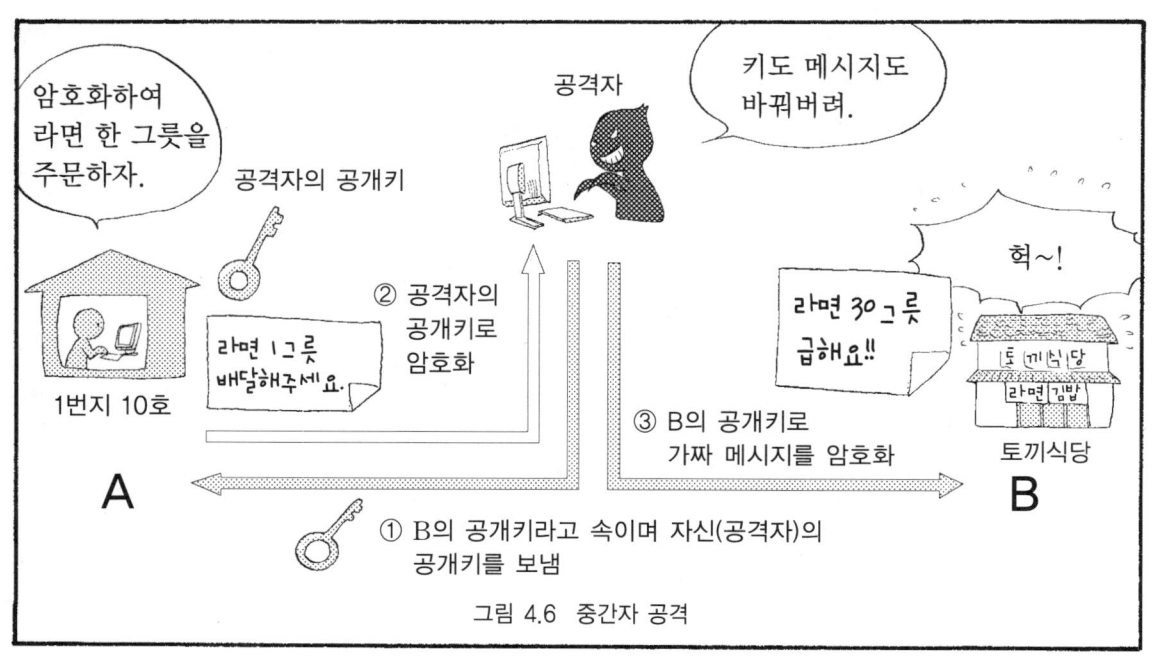

그림 4.6 중간자 공격

제4장 실제로 암호를 사용하기 위해 213

❀ 인증서와 인증국

　인증서란 공개키에 그 공개키의 전자서명을 부가한 것으로 인증국에 의해 발행된다. 공개키를 공개하고 싶은 이용자는 **인증국**(CA : Certification Authority)에 자신의 공개키를 등록하고, 동시에 인증서의 발행을 의뢰한다.

　의뢰를 받은 인증국은 공개키를 공개하고 싶은 이용자의 정당성을 확인하여, 인증국의 기준에 합치한다면 공개키를 바탕으로 전자서명을 작성하고, 공개키와 전자서명을 묶어서 인증서를 작성한다. 공개키와 비밀키의 한 쌍은 이용자가 작성하는 경우와 등록할 때 인증국이 작성하는 경우가 있다.

　인증서를 사용한 공개키 검증의 구조는 공개키가 이용자 A의 것임을 보증한다. 그렇기 때문에 이용자 A는 신뢰할 수 있는 제3자인 인증국에 공개키의 정당함을 증명받는다. 그림 4.7에 근거하여 이하의 ①~⑥의 절차를 살펴보자.

① 이용자 A는 인증국에 자신의 공개키의 인증서 발행을 의뢰한다.
② 인증국은 이용자 A의 본인 확인을 한 후에 인증서를 발행한다. 발행된 증명서는 이용자 A의 공개키에 인증국이 전자서명을 부가한 것이다.
③ 인증국은 리포지토리(repository ; 데이터 보관 장소)에 인증서를 보존한다.
④ 이용자 B가 리포지토리로부터 이용자 A의 인증서를 다운로드한다.
⑤ 이용자 B가 이용자 A의 인증서에 포함되는 전자서명을 인증국의 공개키로 복호한다.
⑥ 복호한 키를 인증서에 포함되는 공개키와 비교하여 검증한다. 이 2개의 키가 같다면 인증서에 포함되는 공개키는 이용자 A의 것임이 보증된다.

　이상의 절차에 의하여 이용자 B는 보증된 이용자 A의 공개키를 얻을 수 있다. 보증된 이용자 A의 공개키를 사용한다면 이용자 A의 비밀키로 암호화한 전자서명이 부과된 메시지가 정당한 메시지임을 검증할 수 있다. 정당한 메시지란 이하의 세 가지 조건을 동시에 만족하는 것이다.

① 메시지에 변조된 흔적이 없어야 한다.
② 제3자가 이용자 A를 사칭하여 보낸 메시지가 아니어야 한다.
③ 이용자 A는 그 메시지를 자신이 보낸 것임을 부인할 수 없어야 한다.

공개키의 정당함을 증명함으로써 전자서명이 부과된 메시지의 정당함의 조건 ①~③을 증명할 수 있다. 이것을 바탕으로 다음에 진술되는 공개키암호기반(PKI)의 구조가 완성된다.

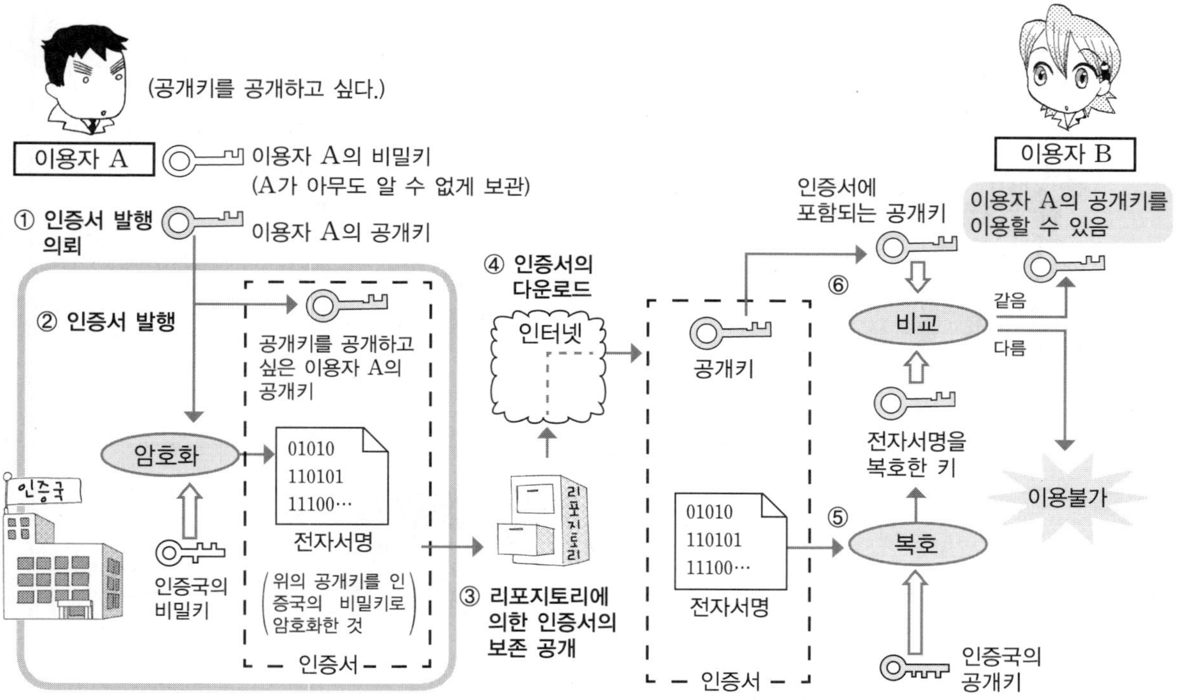

그림 4.7 인증서 발행의 순서

4. 공개키암호기반 (PKI)

드디어 암호학습도 다 끝나가네.

야, 그런데 그 인증서란 거 정말로 신용할 수 있는 거야?

인증서가 인증국으로부터 발행된 것인가?

그 인증국을 신용해도 되는가?

의문이 남네.

도대체 정보의 신뢰성이란 게 뭐지.

예를 들자면… 친근한 지폐로 생각해 보자!

오~ 만원권이다!

나리는 부자구나

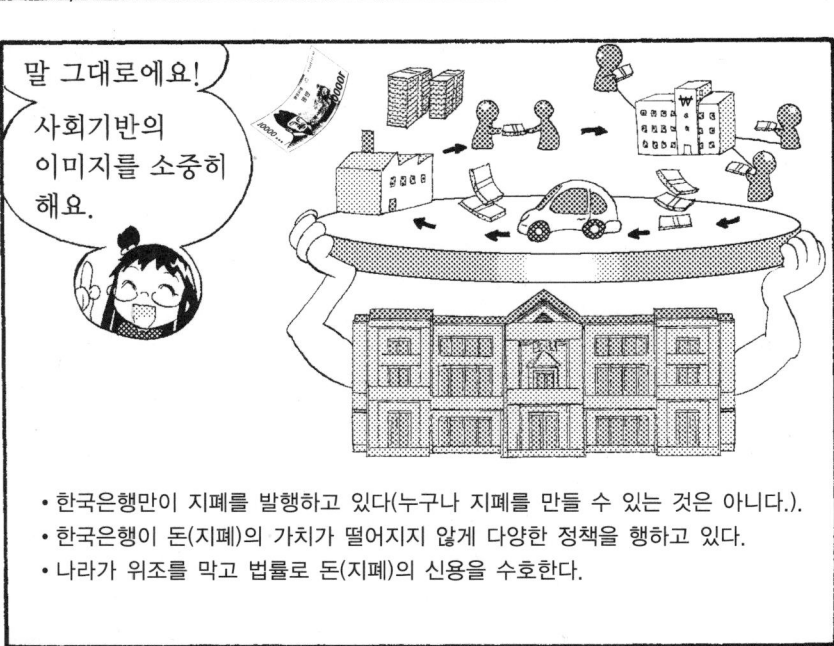

PKI : Public Key Infrastructure

다양한 사회기반에 의해서 돈의 안정성이나 신뢰성이 보증되는 것처럼 공개키암호를 이용하는 시스템도 PKI라는 사회기반에 의해서 정보의 안정성, 신뢰성이 보증되고 있다.

즉, 공개키암호를 사용하여 전자메일의 교환이나 인터넷상에서의 상거래 등이 안전하게 행해질 수 있는 것은 PKI라는 사회기반이 있기 때문이다.

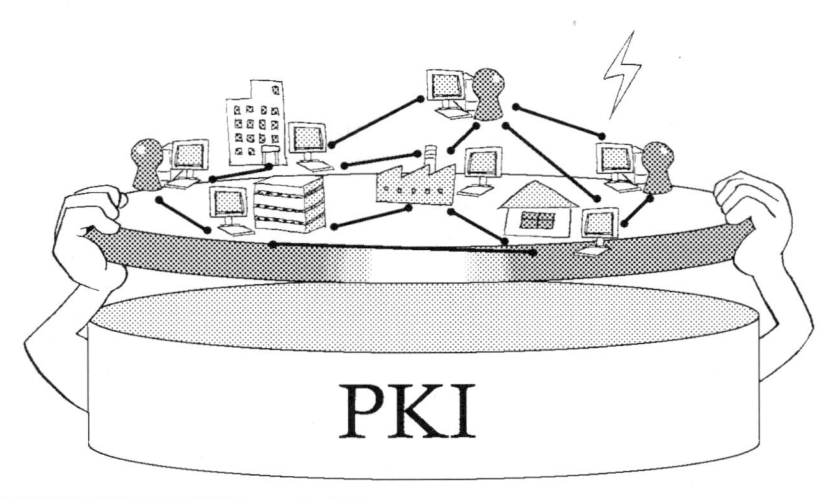

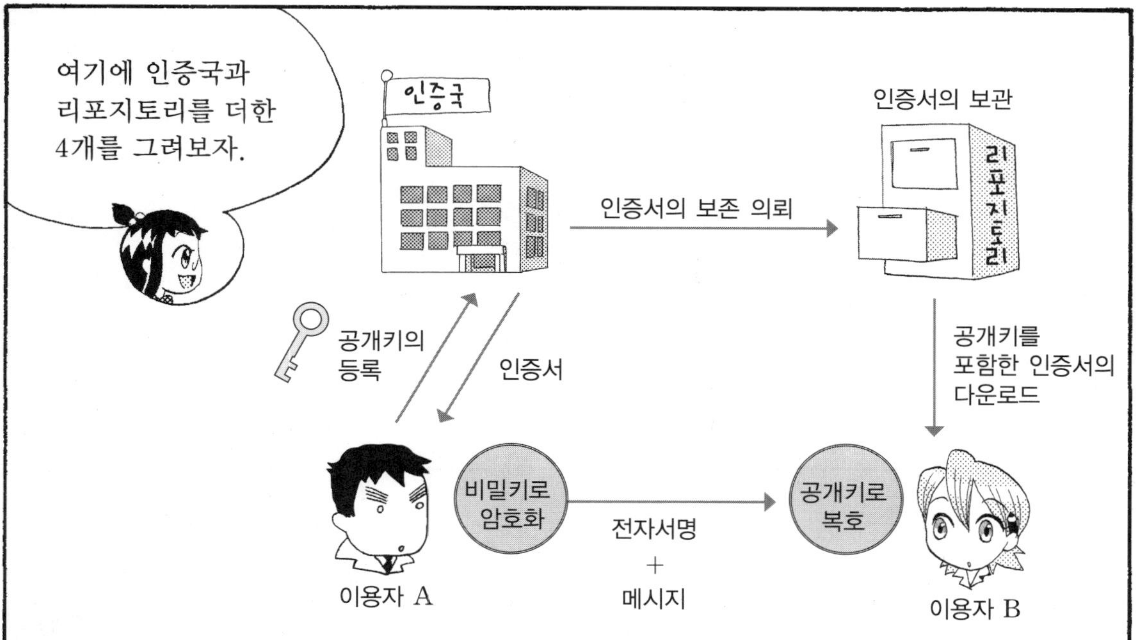

그림 4.8 PKI의 4가지 구성 요소

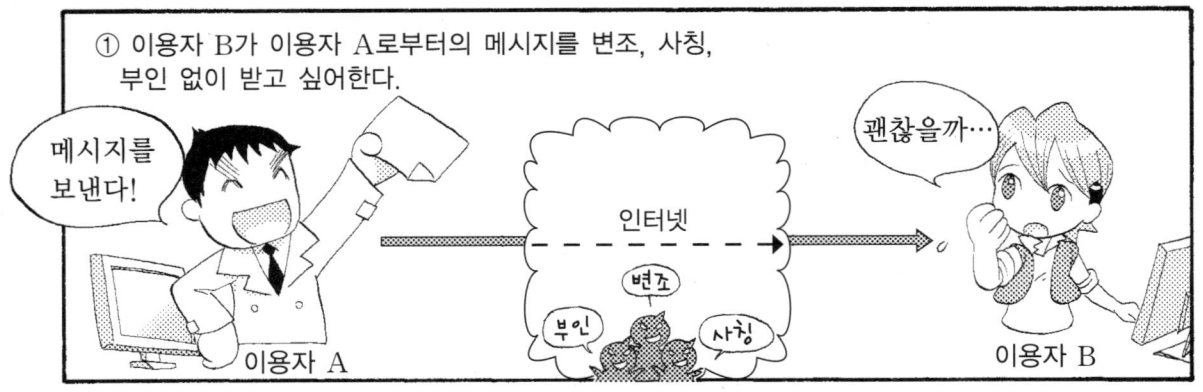
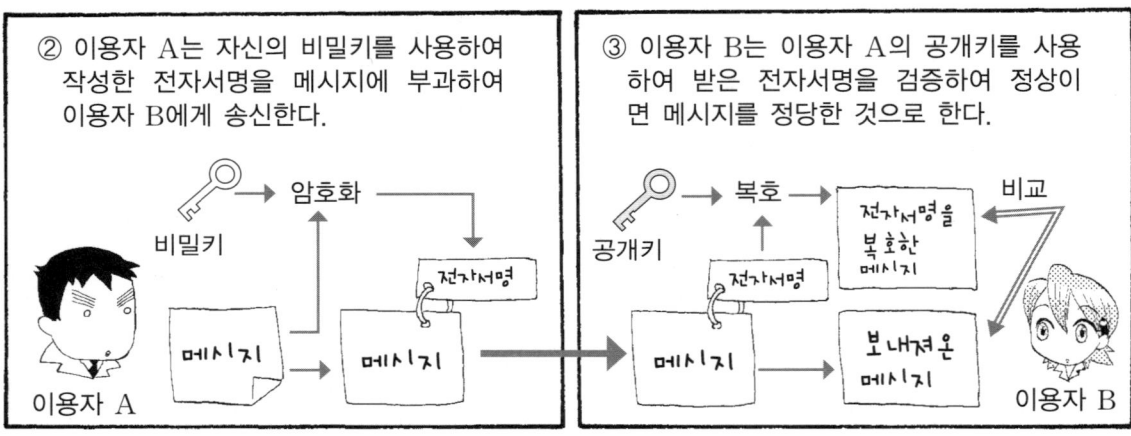

⑦ 인증서의 내용은 이용자 A의 공개키와 인증국에 의해 전자서명을 부과한 것이다.

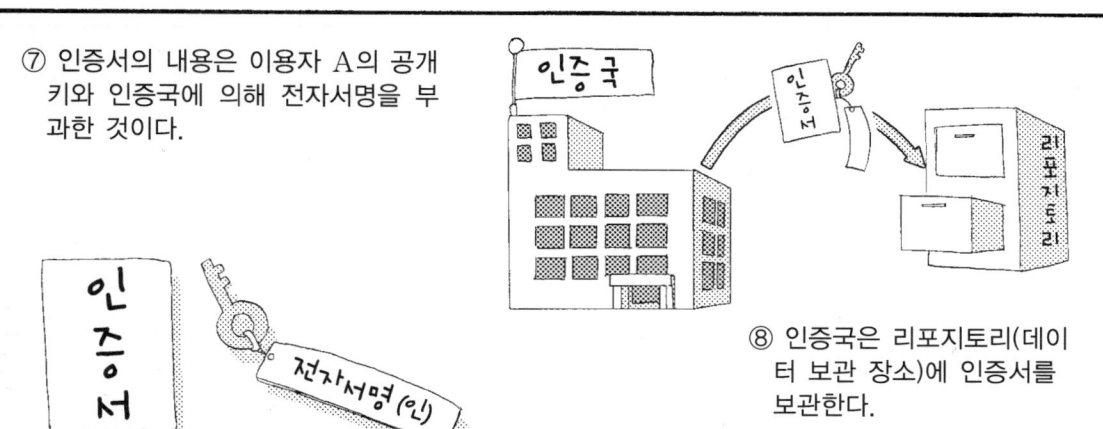

⑧ 인증국은 리포지토리(데이터 보관 장소)에 인증서를 보관한다.

⑨ 이용자 B가 리포지토리로부터 이용자 A의 인증서를 다운로드한다.

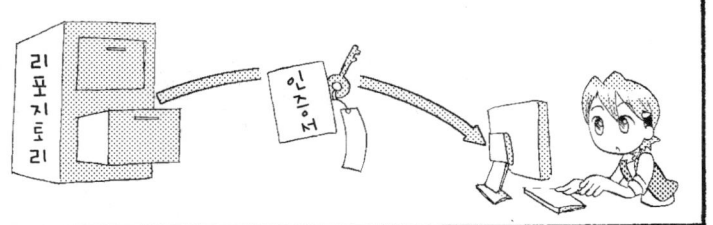

⑩ 이용자 B가 이용자 A의 인증서에 포함된 공개키와 전자서명을 복호하여 얻을 수 있는 공개키를 비교하여 같으면 검증완료이다.

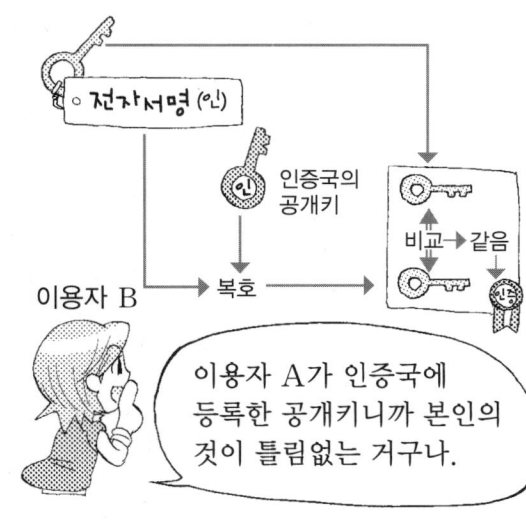

⑪ 검증이 완료되면 이용자 A의 인증서가 포함된 이용자 A의 공개키는 정당한 것임을 알 수 있어, ③에서 얻은 메시지도 정당한(변조, 사칭, 부인의 모든 것이 배제됨) 것으로 된다.

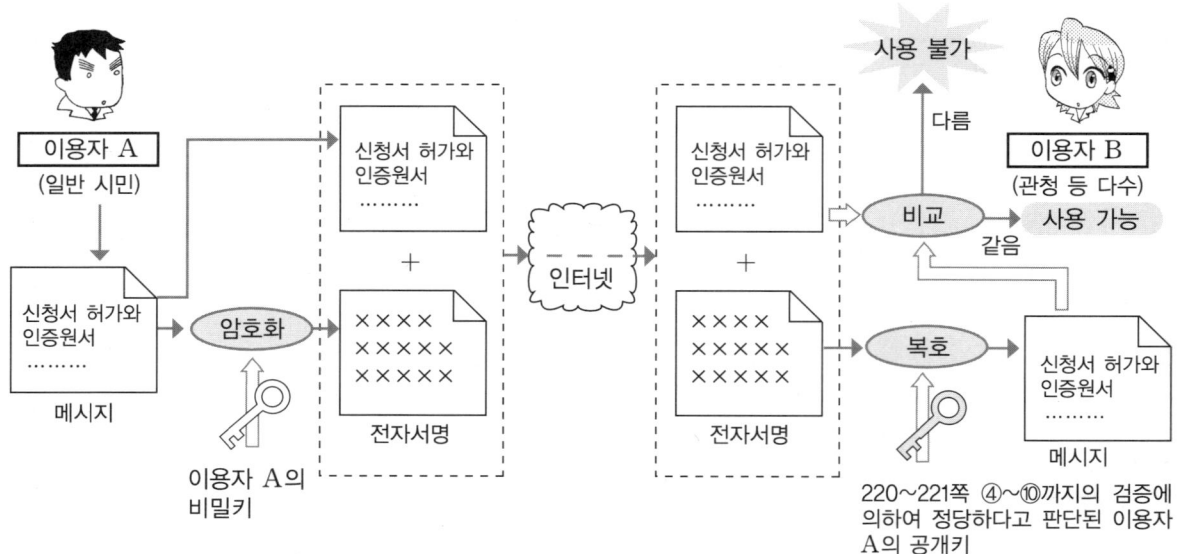

이용자 A로부터 받은 메시지 신청서 등과 전자서명을 복호한 것이 같으면 이용자 A의 공개키인 것이 증명되므로 신청서 등에 변조, 사칭은 없고, 또한 이용자 A는 제출한 것을 부인할 수 없다.

그림 4.9 PKI를 이용한 신청서 절차의 예

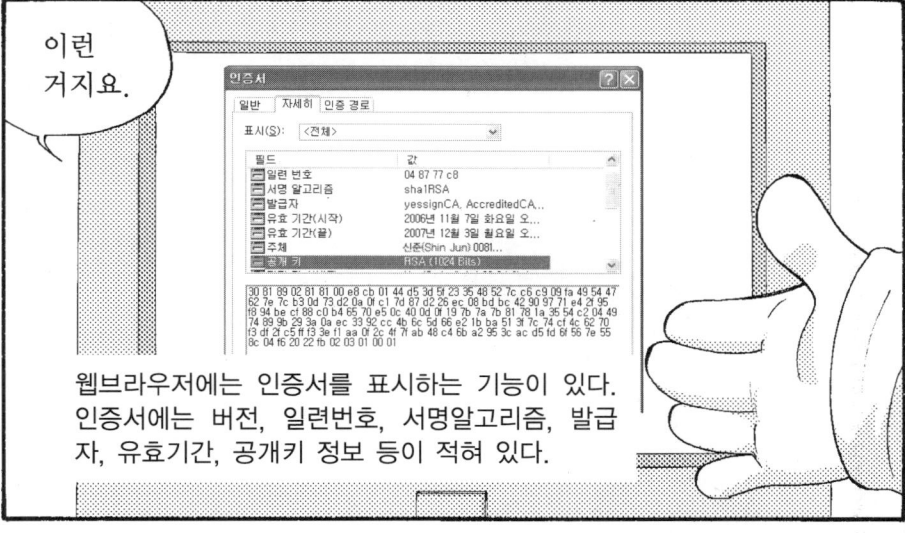

보낸 이 : 란이자 괴도 사이퍼
받는 이 : 신나리
제목 : 잘 지냈어?

명화『미소의 마돈나』와
에메랄드는 돌려줄게.
(도난보험회사와 거래했었어).
그것은 그렇고, 나는 지금 자유(liberty)
의 나라에 있어.
머지않아 큰일을 할 거야!
그 힌트는 2진수로……
　　00001011　　00000110　　00000110
　　00000001　　00010111　　00000111
　　00001010
그럼 이만!

며칠 후

✿ 칼럼 ✿ 영지식대화증명

　최근에는 신용카드로 대금을 지불할 때에 카드정보가 부정하게 유출되어, 본인이 구입하지 않은 물품의 대금까지 청구되는 사건이 종종 일어나고 있다. 이런 식으로, 본인 확인을 위해 그 사람의 정보가 유출된다면 늘 위험이 따라다닌다. 따라서, 비밀은 일체 누설되지 않고(영지식) 본인의 확인(카드의 무결성, authenticity)을 상대에게 인정받는(인증) 방법이 필요해졌다.

　이런 요구에 응하기 위한 방법으로써 1985년에 골드와서(Goldwasser), 밀카리(Milcali), 락코프(Rackoff)에 의해 '영지식대화증명'이란 개념이 등장하였다. 영지식대화증명은 자신이 가지고 있는 카드의 무결성을 상대(신용카드회사)에게 증명하는 방법이다. 증명할 때에는 카드 자체의 비밀(예를 들어, 10진 100자릿수 이상의 난수에 의한 비밀번호)에 관한 정보는 누설되지 않은 체 행해지므로 '비밀의 난수는 정보 공유를 하지 않지만, 자신을 증명하기 위한 난수를 가지고 있는 것은 신용해주었으면 한다' 라는 대단히 제멋대로식의 얘기로 되어 있다. 이와 같은 일은 엄밀한 암호수학의 이론을 토대로 한 수리매직으로 실현이 가능해진다.

　그 방법에 대하여 준비단계와 실행단계로 나누어서 설명하기로 하겠다.

●준비 단계●

　영지식대화증명에 있어서의 수리매직의 장치에는 우선 신뢰할 수 있는 센터(검증자)를 만드는 것이 필요하다.

① 모든 사용자에게 공개하는 합성수 N의 설정

　센터는 2개의 소수 (p, q)를 준비하여 거기에 곱을 하여 합성수 N, 즉,

$$N = pq \quad \cdots\cdots\cdots\cdots\cdots\cdots\cdots\cdots\cdots\cdots\cdots\cdots\cdots\cdots\cdots\cdots\cdots\cdots\cdots\cdots \quad (1)$$

를 만들어 p, q를 비밀로 한다. 실제로는 80자리 정도의 거대한 소수를 이용하나 여기에서는 간단한 예로써 2자릿수의 소수 $p=13$과 $q=19$를 사용한다. 이들 소수의 곱 N은

$$N = 13 \times 19 = 247$$

이 되어 3자릿수의 합성수이다.(실용상에서는 어떤 컴퓨터로도 합성수 N을 소인수분해할 때에 필요한 계산량이 불가능할 정도로 큰 소수를 준비한다.) 이 합성수 N을 전 사용자에게 공개한다.

② 각 사용자의 ID를 센터에 등록

　ID는 각 사용자가 공개하는 수치(공개키에 상등)로 그 사람과 1 : 1의 대응이 되어 있다.

즉, 각 사용자를 식별할 수 있는 공개의 수치가 ID이다. 예를 들어, 사용자 A의 ID는 ID_A로 표시하는 것으로 한다.

③ 센터에 의한 각 사용자의 비밀키의 계산과 통지

센터는 각 사용자의 등록된 ID를 토대로, 그 ID의 평방근 N을 법(mod)으로 계산한다. 실수에 있어서의 평방근의 계산은 좀더 쉽게 계산할 수 있지만, 정수의 세계에서는 합성수 N의 2개의 소수 p와 q를 알았을 때에만, 그 평방근을 쉽게 구할 수 있는 성질이 있다. 이 평방근의 계산의 어려움을 이용하여 영지식대화증명이라는 수리매직의 트릭이 만들어진다.

이 예의 경우, 센터만이 소수 13과 19를 알고 있기 때문에 각 사용자로부터 등록된 ID의 평방근을 계산할 수 있다. 그렇기 때문에 비밀은 누설되지 않는다. 사용자 A의 ID(ID_A)를 101로 가정해 보자. 이때, 평방근은 71이 된다.

$$\sqrt{101}(\text{mod } 247) = 71$$

당연한 결과지만, 역으로 71을 2제곱한 것은 $71^2(\text{mod } 247) = 101$이 된다. 이 71을 사용자 A의 비밀키 S_A로, 비밀리에 사용자 A에게 보낼 수 있다. 실용상에서는 100자릿수 이상의 숫자가 사용되므로 사용자 A가 기억할 수 있는 수는 아니다. 일반적으로는 사용자 A의 ID(ID_A)와 비밀키 S_A 사이에는 다음의 관계가 있다.

$$\sqrt{ID_A}(\text{mod } N) = S_A \quad \cdots\cdots\cdots\cdots\cdots\cdots (2)$$
$$(S_A)^2(\text{mod } N) = ID_A \quad \cdots\cdots\cdots\cdots\cdots\cdots (3)$$

또한, 비밀키 S_A의 목적은 사용자 A를 확인하기 위한 것이 아니라 사용자 A가 소지한 카드의 무결성을 확인하는 데에 있으므로, A가 은행의 현금카드의 비밀번호와 같이 S_A를 기록할 필요는 없다. 그 밖의 사용자도 같은 절차로 각각의 비밀키를 배분한다.

●실행 단계(증명 절차)●

사용자 A가 사용자 B에 대하여 자신이 틀림없이 A인(자신이 소지한 카드가 진품인 것) 것을 증명하기를 원한다는 가정하에 그 증명 절차를 설명한다.

Step 1. 사용자 A로부터 사용자 B에게 증명 의뢰 (1)

우선, 사용자 A는 적당한 난수 r_A를 선택하고, 이것을 2제곱하여 합성수 N으로 나누어 나머지를 구하여 그 나머지를 y_A, 즉

$$y_A = (r_A)^2(\text{mod } N) \quad \cdots\cdots\cdots\cdots\cdots\cdots (4)$$

을 사용자 B에게 보낸다. 예를 들어, 사용자 A가 난수로서 50을 선택했다고 가정하면,

$$y_A = 50^2 = 2500 = 30 (\text{mod } 247)$$

이므로, 30을 사용자 B에게 보낸다.

Step 2. 사용자 A로부터 사용자 B에의 증명 의뢰 (2)

다음에 사용자 A는 자신이 센터로부터 받은 비밀키 S_A와 Step 1에서 선택한 난수 r_A와의 곱에 대해서 합성수 N을 법으로 하는 계산, 즉

$$z_A = S_A r_A (\text{mod } N) \quad \cdots\cdots\cdots\cdots\cdots\cdots\cdots\cdots\cdots\cdots\cdots\cdots\cdots (5)$$

을 행하여 사용자 B에게 보낸다. 먼저 난수로 고른 50을 예로 들면

$$z_A = 71 \times 50 = 92 (\text{mod } 247)$$

이므로, 92를 사용자 B에게 보내는 것이 된다.

Step 3. 사용자 B에 의한 A의 무결성 확인 작업 (1)

사용자 B는 사용자 A로부터 받은 z_A를 2제곱하여 합성수 N을 법으로 하는 계산, 즉,

$$v_A = (z_A)^2 (\text{mod } N) \quad \cdots\cdots\cdots\cdots\cdots\cdots\cdots\cdots\cdots\cdots\cdots (6)$$
$$= (S_A r_A)^2 (\text{mod } N) \quad \cdots\cdots\cdots\cdots\cdots\cdots\cdots\cdots\cdots (7)$$

을 행한다. 이 예에서는 $z_A = 92$이므로 다음과 같이 된다.

$$v_A = 92^2 = 8464 = 66 (\text{mod } 247)$$

Step 4. 사용자 B에 의한 A의 무결성 확인 작업 (2)

다음에 사용자 B는 Step 3에서 구한 v_A를 Step 1에서 사용자 A로부터 받은 y_A로 나눈 값

$$w_A = \frac{v_A}{y_A} (\text{mod } N) \quad \cdots\cdots\cdots\cdots\cdots\cdots\cdots\cdots\cdots\cdots (8)$$
$$= v_A \times (y_A^{-1}) (\text{mod } N) \quad \cdots\cdots\cdots\cdots\cdots\cdots\cdots (9)$$

을 계산한다. 물론, 모든 계산은 합성수 N을 규칙으로 하는 연산이고, y_A^{-1}은 y_A의 역원(역수)을 나타낸다. 즉, y_A^{-1}은 다음 식을 만족하는 값이다.

$$y_A \times (y_A{}^{-1}) = 1 (\mathrm{mod}\ N) \cdots\cdots\cdots\cdots\cdots\cdots\cdots\cdots\cdots\cdots\cdots\cdots (10)$$

이 예에선, $v_A = 66$, $y_A = 30$이고, $y_A{}^{-1} = 30^{-1}(\mathrm{mod}\ 247) = 140$이므로

$$w_A = \frac{66}{30}(\mathrm{mod}\ 247) = 66 \times 30^{-1}(\mathrm{mod}\ 247) = 66 \times 140(\mathrm{mod}\ 247) = 101$$

이 되어, 사용자 A의 ID(ID_A)가 나타나기 시작한다.

이상의 Step 1부터 Step 4까지의 처리에 의해서 송신자가 정말로 사용자 A 당사자일 경우에는 사용자 B는 사용자 A의 무결성을 확인할 수 있다. Step 4에서 101이라는 사용자 A의 ID(ID_A)가 나타나는 이유는 사용자 A의 비밀키 S_A를 2제곱한 것이 ID로 되어 있기 때문이다. 즉, 식 (8)에 의해서 식 (3), 식 (4), 식 (5)를 고려하여

$$w_A = \frac{\{(\text{사용자 A의 비밀키 } S_A) \times (\text{난수 } r_A)\}^2}{(\text{난수 } r_A)^2} \cdots\cdots\cdots\cdots\cdots (11)$$

$$= \frac{(S_A r_A)^2}{(r_A)^2} = (S_A)^2 = ID_A = \text{사용자 A의 ID} \cdots\cdots\cdots\cdots (12)$$

라는 관계가 성립된다.

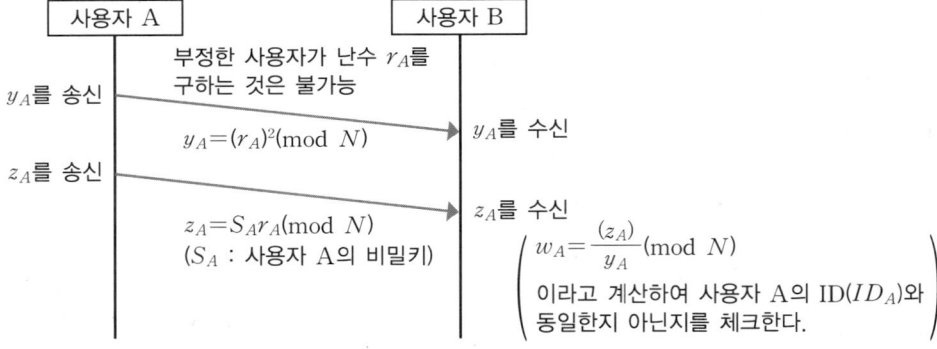

그림 4.10 영지식대화증명에 있어서의 무결성의 확인 절차

● **사칭하는 방법** ●

그림 4.10에서 공개되는 사용자 A의 ID_A를 101로 한 경우, 악의를 가진 사용자 X가 부정하게 사용자 A로 사칭하는 방법에 대하여 생각해 보자. 물론 사용자 X는 사용자 A의 비밀키 S_A에 대한 것은 전혀 모르는 것으로 한다.

그러기 위해서는 사용자 X가

$$e^2 = ID_A \times f (\mathrm{mod}\ 247) \cdots\cdots\cdots\cdots\cdots\cdots\cdots\cdots\cdots\cdots\cdots\cdots (13)$$

의 관계를 만족하기 위해 e와 f를 정하고, 처음에 Step 1에서는 f를 보내고 Step 2에서는 e를 송신하면 된다.

그러면 식 (13)을 만족하는 예로써 $e=25$, $f=82$라고 하고, Step 3과 Step 4를 실행하여 사용자 A의 ID($ID_A=101$)를 얻을 수 있는 것을 나타내도록 한다.

사용자 X가 적당히 작성한 e와 f는 각각의 식 (5)의 z_A와 식 (4)의 y_A에 상당하는 것을 이용하여 식 (6)과 (9)를 계산하여 사용자 A의 공개된 ID($ID_A=101$)가 나타나는 것을 확인한다.

이 식은 합성수 N(이 예에서는 $N=13\times19=247$)을 법으로 하는 mod연산이다.

Step 3.
$$v_A = e^2 = 25^2 = 131$$

Step 4.
$$w_A = \frac{e^2}{f} = e^2 \times f^{-1} = v_A \times 82^{-1}$$

여기서, $82^{-1}(\text{mod } 247)=244$로부터 $w_A=131\times244(\text{mod } 247)=101$

이상의 결과로부터 사용자 X는 비밀키 S_A와 난수 r_A의 정보를 모르고서도 사용자 A의 공개된 $ID_A(=101)$를 작성하여 사용자 A로 사칭하는 것이 가능하여 부정을 행할 수 있다(그림 4.11).

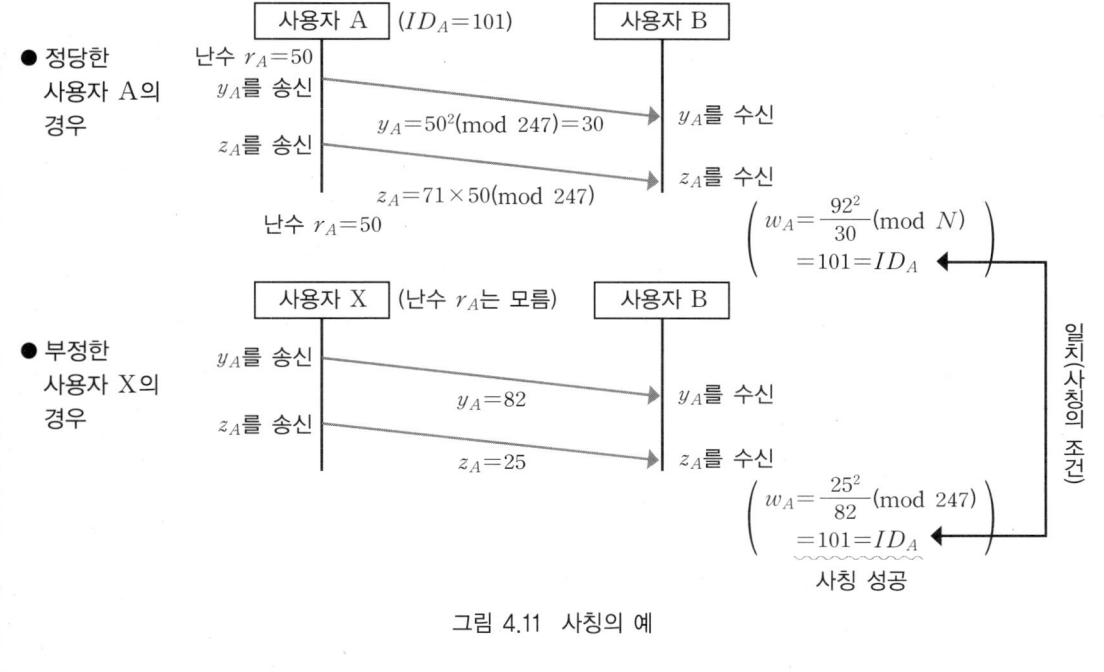

그림 4.11 사칭의 예

이와 같이 그림 4.10의 확인을 빠져나가기 위해서는 공개되어 있는 사용자 각각의 ID정보로부터 식 (13)을 만족하면 되는 것이다. 사용자 A의 비밀키 S_A를 모르는 부정한 사용자 X는 우선 e를 적당히 정하여 2제곱하고 그것을 ID_A로 나눈 값 f, 즉

$$f = \frac{e^2}{ID_A} \pmod{N} \quad \cdots\cdots\cdots\cdots\cdots\cdots\cdots\cdots\cdots\cdots\cdots\cdots\cdots\cdots (14)$$

를 구한 후에 f를 보내고 이어서 e를 보내어 사용자 A만이 알 수 있는 난수 r_A를 얻을 수 없더라도 간단하게 사용자 B의 확인 작업(Step 3과 Step 4)을 패스할 수 있다.

● **영지식대화증명에서의 사칭 방지법** ●

그러면, 사칭을 어떻게 방지하면 좋을까? 그러기 위해서는 그림 4.12처럼 확인 작업을 복잡하게 할 필요가 있다. 사용자 B는 송신자로부터 y_A, z_A를 받으면 0이나 1의 값(challenge bit)을 송신한다. 그리고 돌아오는 값을 다시금 체크하여 송신자가 정규적인 순서로 행하였는지 확인한다.

이리하여 본래의 소수를 상대측이 모르게 하면 영지식성, 무결성, 사칭하지 않았다는 것이 보증된다.

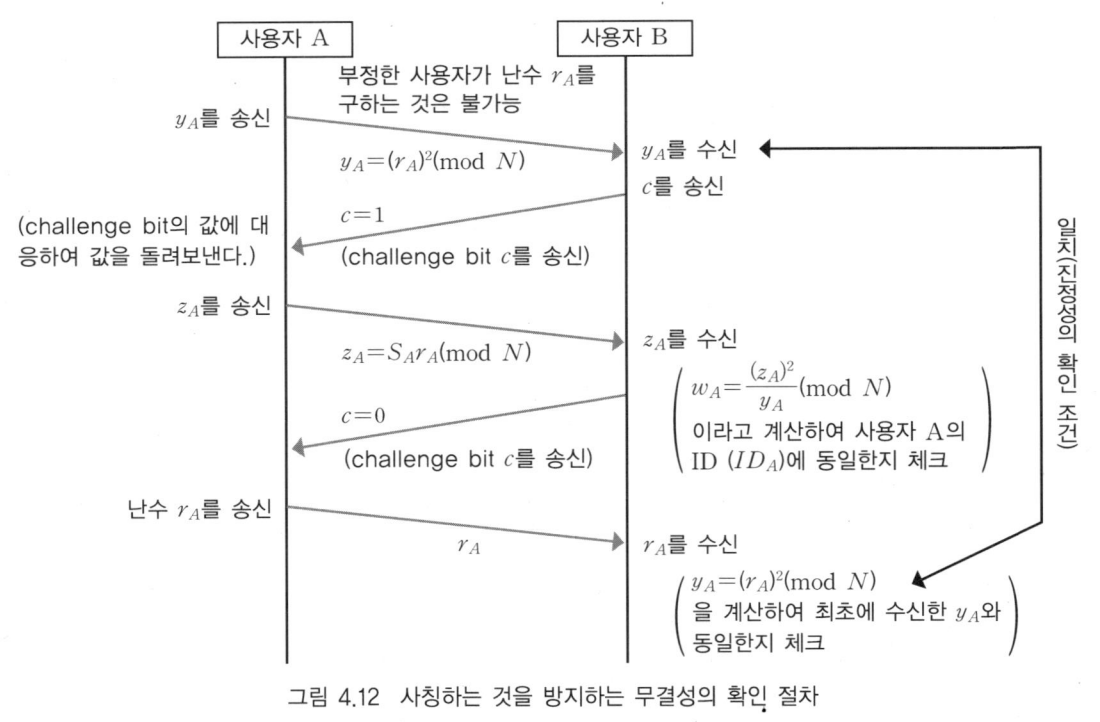

그림 4.12 사칭하는 것을 방지하는 무결성의 확인 절차

🔑 보충해설

◎ 의사난수와 암호보안

난수, 바로 랜덤(무질서)한 숫자의 열은 보안기반기술의 하나이다.

예를 들면, 공개키암호의 경우 정보를 암호화하거나 복호(해독)하는 데에 사용하는 키는 난수를 사용하여 작성한다. 매회 같은 키를 사용한다면 해독당할 가능성이 있기 때문에 공개키암호를 사용할 때마다 새로운 키를 생성하여 안전성을 높이고 있다. 이것은 난수를 알게 된다면 암호가 뚫려서 돈을 도난당하거나 개인 정보가 유출될 가능성이 있기 때문이다. 도청당하지 않을 암호로 만들기 위해서는 난수가 가지고 있는 예측불가능성(과거의 숫자의 열부터 다음의 수를 예측할 수 없다는 성질)을 적극적으로 이용해야 한다.

난수는 의사난수와 최근 주목되고 있는 물리난수(진성난수)로 크게 나뉜다. 그 중에서 의사난수는 일정한 계산식에 바탕을 두어 생산되므로 같은 주기나 패턴이 출현하여 '완전하게 랜덤한 숫자의 열'은 될 수 없다. 그렇기 때문에 난수를 추정당해 보안이 뚫리는 위험이 있다. 대표적인 의사난수 생성기에는 선형합동법, 평방잉여법, M계열, BBS(Blum-Blum-Shub)법, 일방향해시함수를 사용하는 방법, 암호를 사용하는 방법 등이 있다.

반면에 물리난수는 자연계의 물리현상에 바탕을 두어 생성되는 난수이고 완전히 랜덤한 숫자의 열을 실현할 수 있고, 영원히 무질서한 숫자의 열을 연속하여 발생한다. 차후에는 보안기반을 구축하기 위해 물리난수가 활용되는 사례가 증가할 것이라고 예상된다.

◎ PGP

Pretty Good Privacy로, 직역하면 '대단히 좋은 프라이버시' 란 의미로 1991년에 필 짐머만(Phil Zimmermann)이 고안한 것으로 광범위하게 사용되는 암호소프트웨어이다.

PGP는 현대의 암호소프트웨어에 필요한 기능을 거의 모두 갖추고 있다. 즉, 공통키암호(AES, 3-DES 등), 공개키암호(RSA, 엘가말 등), 전자서명(RSA, DSA), 일방향해시함수(MD5, SHA-1, RIPEMD-160 등), 인증서 작성 등이 가능하다.

◎ SSL / TLS

온라인쇼핑 등을 할 때 사용되는 통신 프로토콜(통신상에서의 규칙)에서 통신 내용의 인증과 무결성을 체크하기 위해서 메시지 인증코드를 사용한다. 예를 들면, 웹브라우저에서 신용카드 번호 등을 보낼 때에 통신을 암호화하는 프로토콜로서 SSL(Secure Socket Layer) 또는

TLS(Transport Layer Security)를 준비하여 번호의 교환을 암호화하여 도청을 방지할 수 있다. 또한, SSL / TLS에 의한 통신에서의 URL은 http://가 아니라 https://로 시작한다.

또한, 메일을 송신하기 위해서의 SMTP(Simple Mail Transfer Protocol)나, 메일을 수신하기 위해서의 POP3(Post Office Protocol)라고 하는 프로토콜도 SSL / TLS로 암호화하여 수호할 수 있다.

◎ 양자암호

절대적으로 안전한 암호로 평가되고 있다. 보통 광통신의 1비트에 상당하는 펄스(pulse)에는 빛의 최소알갱이(광자)가 1만개 이상 포함되어 있다. 양자암호에서는 광자 1개에 1bit의 정보를 올려서 광자의 편광상태(전자파의 진동방향)로 0과 1을 구별한다. 이렇게 함으로써 광자를 분해하는 것은 불가능하고, 광자를 도난당한 경우에도 관측에 의해서 광자의 편광상태가 변하는 성질로부터 도난당한 것을 알 수 있다(양자역학에 의해서 담보되는 '도청의 불가능성'). 이 '도청의 불가능성'과 암호화키를 1회용으로 쓰는 '원타임 패드에 의한 해독의 불가능성'을 조합함으로써 절대 안전한 암호로 인식되어 실용화를 향한 연구가 가속화되고 있다.

◎ 생체인증

생체인증은 개인의 고유 정보(지문, 정맥, 얼굴, 홍채, 손바닥 모양, DNA 등)를 본인 확인에 이용하는 것이다. 쉽게 접할 수 있는 예로써, ATM(현금자동지급기)이나, 병원에서 입·퇴실할 때 본인 확인 등에 이용되는 정맥인증시스템이 도입되어 손가락이나 손바닥으로 본인 확인을 한다.

찾아보기

ㄱ

강충돌내성 ·············· 203
공개키 ················· 200
공개키암호 ·············· 116
공개키암호기반 ·········· 217
공개키암호방식 ·········· 121
공통키암호 ··············· 64

ㄷ

다표식암호 ··············· 34
대우 ··················· 164
대칭키암호 ··············· 66
대합 ···················· 80
도청 ···················· 20
디피에-헬먼 ············· 188

ㄹ

라빈암호 ················ 125
레인달 ··················· 91
루시퍼암호 ··············· 78

리포지토리 ·············· 219

ㅁ

메시지 인증코드 ·········· 206
모듈로연산 ·············· 144
모드 ··················· 144
무결성 ················· 227
문자코드 ················· 60

ㅂ

배타적논리합 ············· 59
버넘암호 ················· 43
변조 ···················· 19
복호 ···················· 27
복호키 ··················· 27
부인 ··················· 207
부호 ···················· 26
블록암호 ················· 71
비가역성 ················ 203
비대칭키 암호방식 ········ 121
비밀키 ················· 120

찾아보기 **235**

비밀키암호 · 66
비선형함수 · 84

ㅅ

사이퍼 · 25
사칭 · 204
생체인증 · 234
서로소 · 153
선형해독법 · 87
소수 · 130
소수판정 · 139
소인수분해 · 130
소인수분해문제 · 127
송신자 · 27
수신자 · 27
스트림암호 · 71
시저암호 · 32

ㅇ

알고리듬 · 28
암호 · 20
암호문 · 19
암호화 · 19
암호화키 · 21
약충돌내성 · 203
양자암호 · 234
에라토스테네스의 체 · · · · · · · · · · · · · · · · · 134
에이들먼 · 129
엘가말암호 · 125

영지식대화증명 · 227
오일러 · 167
오일러의 정리 · 166
오일러함수 · 168
완전성 · 203
원타임 패드 · 39
의사난수 · 233
의사난수열 · 73
의사소수 · 165
이산로그문제 · 127
인증국 · 214
인증서 · 214
일방향함수 · 126

ㅈ

전수조사해독법 · 87
전자상거래 · 19
전자서명 · 210
전치식암호 · 35
중간자공격 · 213

ㅊ

차분해독법 · 87
초기값 · 77

ㅋ

코드 · 26

ㅌ

타원곡선암호 ·························· 125
트랩도어일방향함수 ················ 127

ㅍ

파이스텔형 암호 ······················ 79
페르마 ································· 163
페르마의 소정리 ····················· 162
평문 ···································· 28

ㅎ

하이브리드암호 ····················· 196
해독 ···································· 41
해시값 ································ 203
해시함수 ····························· 203
확장된 유클리드호제법 ············ 191
환자식암호 ··························· 33
환자처리 ····························· 64

황금풍뎅이 ··························· 41

숫자 · 알파벳

10진수 ································ 59
16진수 ································ 59
2진수 ································· 59
3-DES암호 ··························· 86
AES암호 ······························ 87
ASCII ································· 64
CBC모드 ····························· 77
DES암호 ····························· 78
DSA인증 ···························· 125
ECB모드 ····························· 76
MAC값 ······························· 206
PGP ·································· 233
RSA암호 ···························· 125
SSL ·································· 233
TLS ·································· 223
XOR연산 ····························· 61

찾아보기 **237**

※ 힌트의
00001011　00000110　00000110　00000001　00010111　00000111　00001010과 자유라는 뜻의 'liberty'의 코드인
01101100　01101001　01100010　01100101　01110010　01110100　01111001을 XOR 연산하면,
01100111　01101111　01100100　01100100　01100101　01110011　01110011로 되어 KS코드에서는 'goddess', 즉 여신이 된다.

● 저자약력

Masaaki Mitani
- 히로시마현 오노미치시(구 도요타군) 세토 타마치 출신
- 1974년 동경공업대학 공학부 전자공학과 졸업, 공학박사
- 현재 동경전기대학 공학부 정보통신공학과 교수
- 디지털 신호처리공학, 통신공학, 교육공학 전문

〈주요 저서〉

- 『入門ディジタル信号処理』(オーム社)
- 『Scilabで学ぶディジタル信号処理』(CQ出版)
- 『わかる電子回路入門の入門 (I) ダイオード, トランジスタ編』(マイクロネット)
- 『やり直しのための信号数学』(CQ出版)
- 『今日から使えるフーリエ変換』(講談社) 외 다수

Shinichi Satou
- 후쿠시마현 다테시 출신
- 1990년 동경전기대학 대학원 석사과정 전기공학 수료
- 현재 동경전기대학 공학부 정보통신공학과 조수
- 디지털 신호처리공학, 교육공학 전문

● 감역약력

이민섭
- 단국대학교 수학과 교수
- 한국통신정보보호학회장

● 역자약력

박인용
- 서울대 국문학과 졸업
- 영어 · 일어 전문번역가로 활동 중

이재원
- 전문번역가로 활동 중

● 제작 Verte
● 만화편집 Tugumi Endo
● DTP Satoshi Arai

만화로 쉽게 배우는 암호

원제 : マンガでわかる 暗号

2007. 11. 20. 초 판 1쇄 발행
2010. 11. 22. 초 판 2쇄 발행
2013. 4. 5. 초 판 3쇄 발행
2015. 3. 17. 초 판 4쇄 발행
2018. 9. 17. 초 판 5쇄 발행

지은이 | Masaaki Mitani, Shinichi Satou
옮긴이 | 박인용, 이재원
펴낸이 | 이종춘
펴낸곳 | BM 주식회사 성안당

주소 | 04032 서울시 마포구 양화로 127 첨단빌딩 5층(출판기획 R&D 센터)
       10881 경기도 파주시 문발로 112 출판문화정보산업단지(제작 및 물류)
전화 | 02) 3142-0036
       031) 950-6300
팩스 | 031) 955-0510
등록 | 1973. 2. 1. 제406-2005-000046호
출판사 홈페이지 | www.cyber.co.kr
ISBN | 978-89-315-8291-8 (17410)
정가 | 17,000원

이 책을 만든 사람들

편집 | 백상현, 임혜진
홍보 | 박연주
국제부 | 이선민, 조혜란, 김해영
마케팅 | 구본철, 차정욱, 나진호, 이동후, 강호묵
제작 | 김유석

이 책은 Ohmsha와 BM 주식회사 성안당의 저작권 협약에 의해 공동 출판된 서적으로, BM 주식회사 성안당 발행인의 서면 동의 없이는 이 책의 어느 부분도 재제본하거나 재생 시스템을 사용한 복제, 보관, 전기적 · 기계적 복사, DTP의 도움, 녹음 또는 향후 개발될 어떠한 복제 매체를 통해서도 전용할 수 없습니다.

■ 도서 A/S 안내

성안당에서 발행하는 모든 도서는 저자와 출판사, 그리고 독자가 함께 만들어 나갑니다.
좋은 책을 펴내기 위해 많은 노력을 기울이고 있습니다. 혹시라도 내용상의 오류나 오탈자 등이 발견되면 **"좋은 책은 나라의 보배"**로서 우리 모두가 함께 만들어 간다는 마음으로 연락주시기 바랍니다. 수정 보완하여 더 나은 책이 되도록 최선을 다하겠습니다.
성안당은 늘 독자 여러분들의 소중한 의견을 기다리고 있습니다. 좋은 의견을 보내주시는 분께는 성안당 쇼핑몰의 포인트(3,000포인트)를 적립해 드립니다.
잘못 만들어진 책이나 부록 등이 파손된 경우에는 교환해 드립니다.